一、大鲵的各个生长阶段形态

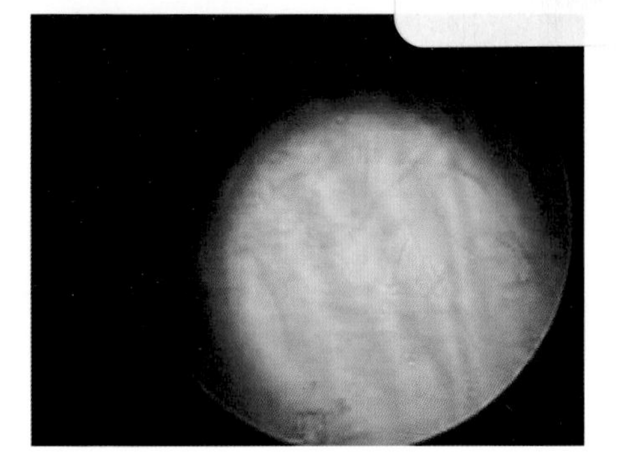

大鲵精子的形态

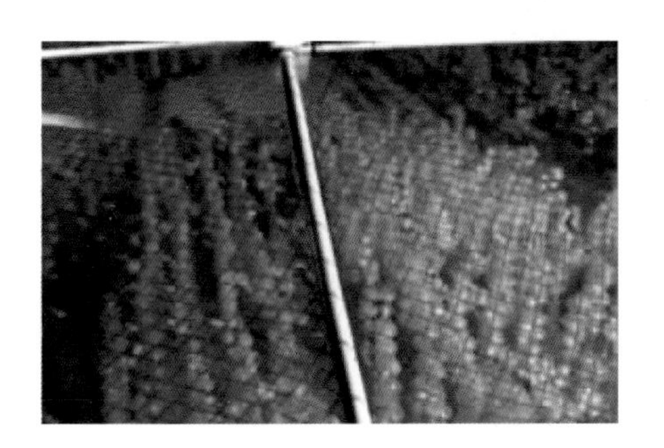

孵化中的大鲵受精卵

孵化中的大鲵受精卵胚胎

出膜前的大鲵胚胎

刚出膜的大鲵苗

刚开口摄食的大鲵苗

出膜后 20 天的大鲵苗

未脱鳃的幼鲵

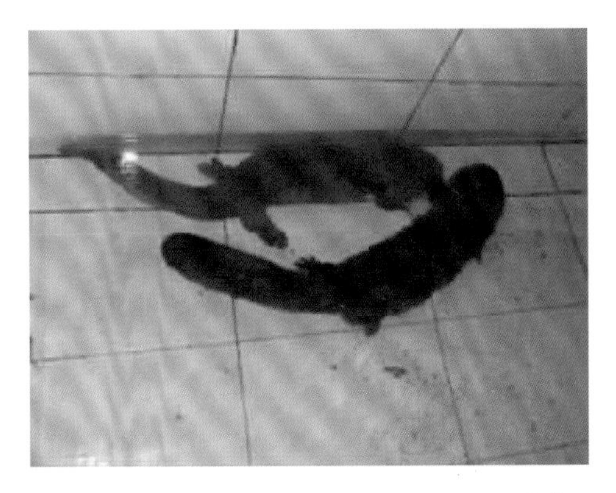

大鲵成体

二、大鲵室内养殖池

室内养殖池 1

室内养殖池 2

室内养殖池 3

室内养殖池 4

三、大鲵室外仿生态养殖池

室外仿生态养殖池 1

室外仿生态养殖池 2

室外仿生态养殖池 3

室外仿生态养殖池 4

室外仿生态养殖池 5

微信扫描此处二维码，您将可以加入【大鲵养殖交流圈】，即时获取大鲵养殖前沿技术，获得大鲵养殖专家的专家咨询。大家一起来养殖健康娃娃鱼吧！

大鲵健康养殖技术

DANI JIANKANG
YANGZHI JISHU

主编◎孙翰昌　丁诗华　许　超

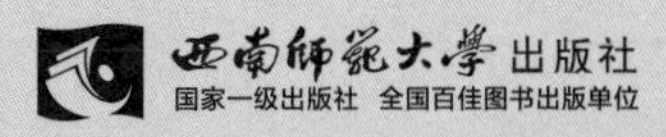

图书在版编目(CIP)数据

大鲵健康养殖技术 / 孙翰昌，丁诗华，许超主编
. —— 重庆 ：西南师范大学出版社，2015.9
ISBN 978-7-5621-7569-8

Ⅰ. ①大… Ⅱ. ①孙… ②丁… ③许… Ⅲ. ①大鲵－淡水养殖 Ⅳ. ①S966.6

中国版本图书馆 CIP 数据核字(2015)第 180210 号

大鲵健康养殖技术

孙翰昌　丁诗华　许　超　主　编

责任编辑:周明琼　熊家艳
装帧设计:李　懋
排　　版:重庆大雅数码印刷有限公司
出版发行:西南师范大学出版社
地址:重庆市北碚区天生路 2 号
邮编:400715
网址:http://www.xscbs.com
市场营销部电话:023-68868624
印　　刷:重庆市圣立印刷有限公司
幅面尺寸:142 mm×210 mm
印　　张:5.5
彩　　插:4
字　　数:162 千字
版　　次:2019 年 1 月　第 1 版
印　　次:2021 年 12 月　第 2 次
书　　号:ISBN 978-7-5621-7569-8

定　　价:25.00 元

前 言

中国大鲵[*Andrias davidianus*],俗称娃娃鱼,是我国特有的珍稀两栖动物,是水生动物演化到陆生爬行类的过渡类型,已列入《濒危野生动植物种国际贸易公约》(CITES)附录Ⅰ中,成为国家二级野生保护动物。它具有分布广、个体大、生长快等生物学优势,其肉质滋补、药用价值独特,备受人们关注。大鲵具有极高的科研、人文、医药、观赏、饮食和美容护肤等方面的价值,深受新型消费者的喜爱。随着养殖技术的迅速发展,我国已成为世界上最大的养鲵国家之一。

国家农业部对大鲵产业的发展大力支持,2015年出台了《农业部关于加强大鲵资源保护规范经营利用管理的通知》,规范"养殖大鲵"(特指人工繁育的大鲵子代个体)及其产品经营利用管理。同时特别强调,要坚持《中华人民共和国野生动物保护法》确定的"加强资源保护、积极驯养繁殖、合理开发利用"的方针,进一步协调好大鲵资源保护和开发利用的关系,按照"分类管理、严格保护、合理利用、相互促进、协调发展"的原则,加强"野生大鲵"(特指自然分布及从自然环境中获取的大鲵个体)保护与发展。

如今,随着人们生活水平的提高,对渔业产品的品种及质量有了更高的要求,传统品种及现有养殖方式生产的产品已远远不能适应市场需要。因此,必须改变传统水产养殖发展思路,创新养殖品种,改变经营模式,加强技术改造,提高产品科技含量,生产出营养、健康的渔业产品,才能满足市场需求。随着大鲵养殖技术的成熟,大鲵养殖业已经成为一项新兴的特色效益产业,也是一项发展潜力巨大的朝阳产业。

本书介绍了大鲵的生物学特性及其价值、人工养殖技术、人工繁殖技术、苗种培育、人工饵料与病害防治等方面的实用知识，并且简要介绍了大鲵养殖的办证程序。本书编者长期从事大鲵人工养殖及疾病防治技术研究工作，书中不仅把大鲵养殖技术介绍得细致入微，而且还结合养殖生产实践总结出了多个养殖关键点，将对养殖户在养殖场建设、养殖管理、疾病防治及产品开发、产品经营等方面给予最直接的帮助。可见，本书不仅是大鲵养殖户的一部内容丰富、技术全面的实践指导教材，也可为初次涉足大鲵养殖行业的投资者提供参考。

目录

第一章　大鲵的生物学特性

在动物漫长的进化史中，两栖动物在两栖动物时代长时间地统治过地球，它们既能生活在水中，也能初步适应陆地的生活，是水生动物和陆生动物之间的一个过渡类群。大鲵的祖先作为两栖动物中个体较大的种类，有着较好的迁徙能力，它们的足迹遍布亚欧大陆和美洲大陆。石炭纪和二叠纪适宜的气候条件为大鲵的出现和发展提供了良好的条件，而大鲵喜冷怕热的习性也使得大鲵安然度过了冰川世纪。如今，虽然大鲵的种类和数量不多，但是大鲵作为动物进化史中重要的类群，是属于全人类的财富。

第一节　大鲵的分类地位

大鲵是一种非常古老的类群，是3亿年前与恐龙同一时代生存并延续下来的珍稀物种，也是现存最大的两栖动物，被称为“活化石”，是动物从水生到陆生的一个过渡类群。

大鲵在分类上属于脊索动物门，两栖纲，有尾目，隐鳃鲵科。

有尾目动物是脊椎动物中第一种出现四肢的动物，大鲵作为有尾目的代表物种，在动物进化史中有着重要的地位。稚鲵生活在水中，用外鳃呼吸，经过变态发育之后成为幼鲵。幼鲵和成鲵都是用肺呼吸，虽然大鲵可以利用肺部直接在空气中交换气体，但由于肺部结构简单，呼吸功能不强，还必须依赖皮肤辅助呼吸。大鲵前肢4指，后肢5趾，虽然能在陆地上爬行，但是大鲵的骨骼发育不完全，爬行速度不快。大鲵皮肤较薄，有大量黏液腺保持体表湿润，这使得大鲵既能在水环境中生活，同时又可以一定程度上适应潮湿的陆生环境,减少体内水分的丧失,但是大鲵不能完全摆脱水环境生存。首先,大鲵皮肤的角质化程度不高,不能有效防止体内水分的蒸发,在陆地上也只能在空气湿润的地区短暂停留;其次,虽然大鲵拥有四肢,但是不够强健;最后,大鲵的受精方式为体外受精,精子和卵子在水体中结合成受精卵,胚胎无羊膜,大鲵的繁殖必须要在水中进行。

一、大鲵的演化史

地球上生命的起源过程经历了漫长的岁月。地球从一片荒芜发展到今天生命勃发的姿态,其间经历了太多的意外,太多的奇迹;有过物种繁华的鼎盛时期,也有过生物凋零的没落时代;有恐龙曾经称霸地球,最终仍然无法抵御自然的善变;也有小小的细菌从上古一直生存到现在。生物在进化,地球也在发生着变化。地球上从无生命时期发展到今天的生命世界,大体上经历了五个阶段。

第一个阶段,原始大气和原始海洋中的甲烷、氰化氢、一氧化碳、二氧化碳、水、氮、氢、硫化氢、氯化氢等无机物,在紫外线照射、电离辐射、闪电、局部高温等条件下,形成了氨基酸、核苷酸、单糖等有机物;第二个阶段,简单的有机物聚集成生物大分子;第三个阶段,众多的生物大分子聚集形成多分子体系,呈现出初步的生命现象,构成前细胞型生命体;第四个阶段,前细胞型生命体进一步复杂化和完善化,演变成为具有完整生命特征的原核细胞,由原核细胞发展出真核细胞;第五个阶段,单细胞生物发展为各级多细胞生物。

大约在泥盆纪晚期,某些具有肺的总鳍鱼类尝试登陆并且获得成功,进而演化成最早的两栖动物。这在脊椎动物演化史上是一个划时代的事件,标志着动物开始从水生到陆生的转变。到了石炭纪和二叠纪,由于此时期的气候温暖潮湿,沼泽中的苔藓与蕨类植物繁茂,水生无脊椎动物和昆虫非常丰富,有利于两栖类的繁衍和适应辐射,两栖类的动物得到了空前发展,该时期也称为两栖类时代,而大鲵就在这个时候开始出现在地球上。

大鲵是处于鱼类和无尾两栖类之间的过渡性物种,是水生向陆生过渡的一个重要类群,是两栖类中最大的种类,也是现存两栖动物中较为原始的种类之一。大鲵是从 3 亿年前的古生代泥盆纪时期的鱼类演变而成的两栖类。此外,在欧洲、北美洲和亚洲(除我国)等地也有所发现。现有化石资料表明,在中生代或更早的时期,联合古陆还未分化成大板块之前,大鲵已在北半球相当广泛的地区生活着。后来又经过漫长的岁月,联合古陆分化成各个板块,逐渐漂移分离,以海相隔。随着地球上气候的不断变迁,大鲵同其他动物一样,通过自然选择,许多种类被淘汰而灭绝了,现存的中国大鲵、日本大鲵和美洲大鲵虽然隔海分布,但亲缘关系很近。

中国大鲵是我国特有的濒危两栖有尾类动物,也是世界现存两栖类中体形最大的古老动物,是从水生过渡到陆生的脊椎动物,具有水生脊椎动物与陆生脊椎动物的双重特性。它们既保留了水生祖先的一些特征,如生殖和发育仍在水中进行,幼体生活在水中,用鳃呼吸,没有成对的附肢等;同时幼体变态发育成成体时,获得了真正陆生脊椎动物的许多特征,如用肺呼吸,具有五趾型四肢等。

随着时间的推移,无数物种都经过了初生、繁华、衰亡的历程。但是,中国大鲵一直生活在地球上,见证了万物的更迭,时代的变迁,是名副其实的"活化石"。

我国现有两栖动物 230 种(亚种),其中无足目 1 种,无尾目 197 种，有尾目 3 科 32 种。有尾目 3 科及其代表物种分别是蝾螈科的东方蝾螈、小鲵科的中国小鲵和隐鳃鲵科的中国大鲵。

二、中国大鲵，日本大鲵，美洲大鲵

隐鳃鲵科目前有 2 属 3 种，大鲵属包括分布于我国的中国大鲵，以及分布于日本中北部的日本大鲵，隐鳃鲵属则仅包括分布于美国东部的美洲大鲵。它们虽远隔重洋，却是亲缘关系很相近的动物。隐鳃鲵科成员终生生活在水中，成体仍然保持有鳃裂，体侧有皮肤褶皱以增加皮肤面积用于在水中呼吸，前肢 4 指后肢 5 趾。隐鳃鲵科的 3 个成员是现存最大的 3 种两栖动物，其中中国大鲵身长可达 1.8 m，日本大鲵身长可达 1.5 m，美洲大鲵身长可达 0.74 m。中国大鲵也是我国有尾目中最著名的代表，由于叫声似婴儿啼哭，又被称为“娃娃鱼”。而在亚洲的大鲵化石被科学界发现以前，在欧洲就已经发现了大鲵的化石。

(一)中国大鲵

中国大鲵俗称“娃娃鱼”，属脊索动物门，两栖纲，有尾目，隐鳃鲵科，大鲵属，是两栖动物中体形最大的一种，全长可达 1 m及以上，体重最重的可达 100 kg。

娃娃鱼栖息于山区的溪流之中，在水质清澈、含沙量不大、水流湍急并且要有回流水的洞穴中生活，不知者或误以为鱼类，其实属两栖动物，幼体用鳃呼吸，成体用肺兼皮肤呼吸。身体前部扁平，至尾部逐渐转为侧扁。娃娃鱼的体色在不同的环境中有差异，但一般多呈灰褐色。

野生中国大鲵曾广泛分布于我国长江、黄河和珠江广大的流域。在长江流域中，大部分栖息地位于长江中上游流域，包括湖北、湖南、四川等省，长江下游的大别山区、黄山、九龙山一带也有大鲵分布；黄河流域大鲵主要分布于山西省的厉山地区、河南的卢氏县和新安县、陕西的洛南县和甘肃省秦岭北坡的天水市；在珠江流域，大鲵分布于珠江上游支流北江、柳江等地区。

四川、湖南、湖北、贵州等地的野生大鲵数量曾非常丰富，但是由于近年来乱捕滥猎大鲵的现象日益猖獗，加上栖息地破坏和减少，导致野生大鲵种群破碎，种群数量锐减，分布范围缩小，中国大鲵自然分布由板块状逐渐演变成点状。在相当一部分地区，野生大鲵已经绝迹，尤其是在经济发达地区，由于工业污染的加剧，野生大鲵的资源量严重不足。野生中国大鲵是我国二级保护动物，并且被列入《濒危野生动植物种国际贸易公约》(CITES) Ⅰ级种类目录中。

当前，中国大鲵的自然分布主要集中于湖南张家界、湘西自治州；湖北房县、神农架；陕西汉中、安康；贵州铜仁、遵义和四川宜宾、兴文等地，其他零星分布于湖北鹤峰、恩施，江西靖安，广西柳州、玉林，甘肃文县，河南卢氏县、嵩县等地，这些地方的自然环境未受到严重破坏，人为活动较少，有些地方交通闭塞，气候适宜，十分适合大鲵的生存。

(二)日本大鲵

日本大鲵(*Andrias japonicus*)，又叫作大山椒鱼，是世界第二大娃娃鱼，是有尾两栖类中隐鳃鲵科的一种，和中国大鲵同属不同种，外形与中国大鲵很像，习惯在深山峡谷的溪流中生活，不善于游泳，却善于在水中泥底上爬行。白天隐藏在溪流中的石缝或岩石穴洞中，夜间出来活动摄食。

日本大鲵一般长为 60 cm 左右，有时体长可达 1.5 m，重

45 kg。它们有着扁平的身躯,宽大的头部,短小的四肢和细小的眼睛,在其头部还有很多疣突。身体的背面通常为灰褐色,大都有花斑,背面有很多疣粒,躯干部长筒形,两侧有很厚的皮肤褶;四肢肥厚而短,扁平状;尾部短。该物种形态上与中国大鲵非常相似,其主要差异是在日本大鲵头部背腹面疣粒为单枚,且大而多,尾稍短,鳃裂在变态成熟之后闭合。日本大鲵虽然没有中国大鲵那般硕大的体形,但也是一种体形非常大的水生大鲵。

日本大鲵主要分布在日本的本州到岐阜西部,以及四国和九州的局部地区的山区河流中。一般生活于寒冷、河底多岩石、河岸多洞穴、湍急的高山淡水溪流和河流中。分布范围从海拔 300 m 到 700 m。日本大鲵一般是在夜间活动,依靠嗅觉和触觉来寻找猎物。食物包括鱼、小蝾螈、蠕虫、昆虫、小龙虾和蜗牛。由于新陈代谢缓慢,食物缺少时其耐饥能力很强,有时甚至 2～3 年不进食都不会饿死。9～10 月其活动逐渐减少,冬季则深居于洞穴或深水中的大石块下冬眠,一般长达 6 个月,直到翌年 3 月开始活动。不过它入眠不深,受惊时仍能爬动。

日本大鲵作为日本的国宝,虽然早在 1952 年就受到了立法保护,被广岛研究发展局、环境保护署列为珍稀动物,但它们仍是广岛最受威胁的物种之一。而曾几何时,日本大鲵是在山脉中最常见的动物,但四五十年前人们大肆捕食日本大鲵,各地日本大鲵剧减,栖息地的不断丧失也对它们构成了巨大威胁,大坝阻止了它们的迁徙,并分隔了它们的群落。迄今,成年的日本大鲵在深受污染的河流中几乎绝迹了,这是因为栖息地的破坏使得这种珍贵的生物根本无法繁殖。现在,日本大鲵的资源量已经减少到濒临灭绝的地步,已经被列入《世界自然保护联盟》(IUCN)2012 年濒危物种红色名录(3.1 版)——近危(NT)和《濒危野生动植物种国际贸易公约》(CITES)I级保护动物。

(三)美洲大鲵

美洲大鲵(*Cryptobranchus alleganiensis*)是有尾两栖类,隐鳃鲵科中个体最小的一种,体长最大为0.74 m,体重1.8～2.3 kg。它的结构与日本大鲵、中国大鲵相似,外形主要区别在于它有一对或者左侧有一个鳃裂,身体背面为褐色或灰色,其上有许多暗色斑纹,腹面颜色较浅,头部大而扁平。美洲大鲵主要分布于美国东部的纽约到密西西比一带,往西抵达密苏里州、阿帕拉契山脉以及欧扎克山脉的溪流中。

美洲大鲵体长24～40 cm,全长30～74 cm。头宽大而扁平,表面有明显的疣粒。眼小,位于头背,无眼睑。弧形的口裂十分宽大,上下颌具多数大小相似的细齿,有利于取食。体躯宽扁而壮实。侧扁的尾部很长,为体长的1/3～1/2,尾的上下有鳍状物。四肢肥短,前肢有4指,后肢有5趾,指(趾)间有微蹼,无爪。体表皮肤较为光滑,散布有小疣粒,受刺激时能分泌出似花椒味的白浆状黏液。沿体侧腋胯间有纵行皮肤褶。体色随栖居环境变化而有差异,背面呈棕色、红棕色、黑棕色等,上面有颜色较深的不规则斑点,腹面浅褐色或灰白色。它可以用肺呼吸,但由于肺的发育不完善,因而也像青蛙一样,需要借助湿润的皮肤来进行气体交换作为辅助呼吸,所以必须生活在水中或水域的附近。从生物进化的观点来看,它是从水中生活的鱼类向真正的陆栖动物演化的一个过渡类型。该物种仅有两个亚种,指名亚种整个身体布满了黑色斑点;密苏里州亚种鳃裂小,黑色斑点主要集中在背部和尾巴。

美洲大鲵喜欢栖息于水质清凉,水草茂盛,水浅和流速快及含氧量高的河流、溪流中。通常在有大石块的水下栖身,以避免水温度高于20 ℃。

美洲大鲵具领地意识,夜间活跃,是严格食肉性动物。傍晚和夜间出来活动和捕食，游泳时四肢紧贴腹部，靠摆动尾部和躯体拍水前进。它在捕食的时候很凶猛，常守候在滩口乱石间，发现猎物经过时，突然张开大嘴囫囵吞下，再送到胃里慢慢消化。成体的食量很大，食物包括鱼、蛙、蟹、蛇、虾、蚯蚓及水生昆虫等，偶尔吃腐肉。

美洲大鲵和中国大鲵、日本大鲵的习性大致相同。在自然条件下新陈代谢缓慢，食物缺少时，耐饥能力强。美洲大鲵每年活动的时间只有 6 个月，其余长达 6 个月的时间都处在冬眠状态，美洲大鲵和日本大鲵一样，入眠程度不深。

第二节 大鲵的生理特征

一、形态特征

（一）大鲵的共性特征

大鲵的身体成扁筒形，分为头、躯干和尾部三部分，成体不具外鳃，用肺呼吸。

大鲵头部扁平宽阔。头宽一般为头体长的 1/5～1/4，吻端圆。鼻孔极近吻端，鼻间距约为吻长的 1/2，眼甚小，无眼睑，眼间距宽，略胜于吻长，口裂大。

躯干粗扁，沿体侧各有一长条厚肤褶。四肢粗短，后缘均有宽厚肤褶，与外侧指（趾）之缘膜相连，前肢 4 指，后肢 5 趾，蹼不发达，仅基部微有蹼迹。

尾侧扁，其长度约为头体长的 1/2，尾背鳍褶高而厚。尾腹鳍褶在近尾处方始显著。肛孔短小呈短裂缝状，雌性肛周皮肤光滑，雄性则沿肛裂呈疣粒状，雄性在繁殖季节肛部红肿。

大鲵皮肤光滑，头部背腹面有疣粒，上下唇缘、头顶及咽喉中部光滑无疵，吻端及头背疣粒排列不规则，眼眶下方，口角后、咽喉部有成行疣粒，体侧后肤褶上下方疣粒较大，成对小疣粒在这些部位则不明显，其他部位皮肤均较光滑。

大鲵体背呈棕褐色，有不规则的深色大斑点，腹面浅褐或灰白，因栖息环境的不同体色差异较大。一般为棕褐色，还有黑褐色、褐色、黄褐色、黄色、浅棕黄色、红棕色、金黄色、灰色和白色等。其色泽与河床基底相似，具有保护色作用，当它匍匐不动，与基底岩石、卵石及沙砾极为相似。

(二)大鲵野生个体与养殖个体的特异性特征

笔者曾经研究过区域大鲵野生个体和养殖个体之间质量性状及数量性状的区别，研究也得出了初步结果。因为研究样本数及采样区域的局限，结果可能不够准确、不够全面，但是也可说明一定的问题。

1.野生个体与养殖个体的质量性状分析

调查研究人员在走访调查中收集整理了丰富的质量性状数据。体色和花纹对于判断种质来源及是否为野生个体十分有用，色泽陈旧度可专门用于区分野生个体与养殖个体。体色新丽鲜亮的为野生个体，体色灰暗陈旧的为养殖个体。野生个体的体形匀称，养殖个体的体形丰满，这点对于不同品系的养殖个体都适用。称量发现全长相同时野生个体的体重通常比养殖个体轻。野生个体口腔颜色有时为淡黄色，养殖个体口腔雪白。野生个体皮肤褶略宽，其褶皱细小且多，养殖个体皮肤褶略窄，其褶皱粗大且少。野生个体头部皮肤疣粒较明显，凸凹感较强。养殖个体的口腔大多为雪白色，头部皮肤疣粒不太明显，凸凹感稍差。野生个体在野外寻找食物运动量大，前后指(趾)磨损大，足茧明显。养殖个体生活在人工条件下，食物充足运动量小，前后指(趾)磨损小，无足茧或足茧不明显。野生个体性情凶猛，暴躁易怒，有较强领地意识，对入侵个体有攻击行为，养殖个体性情温驯，领地意识差，对同池个体无攻击行

为。野生个体的敏感性极强，轻微触碰其头部可见有剧烈反应，养殖个体的敏感性较弱，摇晃养殖大鲵成体头部时反应迟钝，未见激烈行为。此外，研究人员在实验室进行解剖观察7尾200～400 g养殖大鲵幼体和1尾野生大鲵(约150 g的受伤死亡个体)，发现7尾养殖大鲵个体除腹腔脂肪组织和皮下脂肪较明显外，各内脏器官的解剖特征与野生大鲵无明显差异。野生个体与养殖个体的质量性状统计情况见表1-1。

表1-1　大鲵野生个体与养殖个体的质量性状比较

大鲵质量性状	野生个体		养殖个体	
(1)皮肤粗糙度	光滑	88.37%	光滑	26.31%
	粗糙	11.63%	粗糙	73.69%
(2)体色	棕褐色	83.72%	棕褐色	21.92%
	棕黑色	16.28%	棕黑色	78.08%
(3)色泽	鲜亮	91.86%	鲜亮	13.16%
	暗淡	8.14%	暗淡	86.84%
(4)褐黑色素颗粒	聚集分布	88.37%	聚集分布	7.90%
	稀疏分布	11.63%	稀疏分布	92.10%
(5)斑纹与背景色对比	反差大	81.39%	反差大	11.40%
	反差小	18.61%	反差小	88.60%
(6)斑纹清晰度	清晰	79.06%	清晰	9.65%
	模糊	20.94%	模糊	90.35%
(7)斑纹分布	均匀	87.20%	均匀	7.02%
	不均匀	12.80%	不均匀	92.98%
(8)斑纹形状	规则	94.18%	规则	17.54%
	不规则	5.82%	不规则	82.46%
(9)斑纹与背景色之间的界限	清晰	83.72%	清晰	21.06%
	模糊	16.28%	模糊	78.94%
(10)体形	匀称	83.72%	匀称	5.27%
	肥胖	16.28%	肥胖	94.73%
(11)躯干	肥厚	16.28%	肥厚	96.49%
	扁薄	83.72%	扁薄	3.51%

续表

大鲵质量性状	野生个体		养殖个体	
(12)肉质	紧致	94.18%	紧致	7.90%
	松软	5.82%	松软	92.10%
(13)体重	偏重	20.93%	偏重	82.46%
	偏轻	79.07%	偏轻	17.54%
(14)左右两侧皮肤褶	薄而略宽	81.40%	薄而略宽	17.55%
	厚而略窄	18.60%	厚而略窄	82.45%
(15)卷曲时褶皱	小而多	83.72%	小而多	25.44%
	大且少	16.28%	大且少	74.56%
(16)腰部外凸	不明显	83.72%	不明显	25.44%
	较明显	16.28%	较明显	74.56%
(17)腰宽(除皮肤褶)	小于头宽	81.39%	小于头宽	23.69%
	大于头宽	18.61%	大于头宽	76.31%
(18)头部疣粒	明显	74.41%	明显	4.39%
	模糊	25.59%	模糊	95.61%
(19)四足磨损	较严重	75.58%	较严重	76.31%
	较轻微	24.42%	较轻微	23.69%
(20)趾端	较短、圆钝	87.20%	较短、圆钝	13.16%
	较长、尖细	2.80%	较长、尖细	86.84%
(21)足茧	较多	84.88%	较多	14.04%
	略少	15.12%	略少	85.96%
(22)尾部	扁薄	74.41%	扁薄	3.51%
	肥厚	25.59%	肥厚	96.49%
(23)行动敏感度	较敏捷	97.67%	较敏捷	7.90%
	较迟钝	2.33%	较迟钝	92.10%
(24)前行时左右探索行为	易出现	15.12%	易出现	19.83%
	较少出现	84.88%	较少出现	80.17%
(25)轻击头部	较易受惊	94.19%	较易受惊	21.93%
	不易受惊	5.81%	不易受惊	78.07%
(26)领地意识	有	97.67%	有	4.39%
	无	2.33%	无	95.61%

续表

大鲵质量性状	野生个体		养殖个体	
(27)戳击处白色分泌物情况	有	97.67%	有	12.29%
	无	2.33%	无	87.71%
(28)驱赶时尾部摆动情况	快速剧烈	88.37%	剧烈	24.56%
	平稳	11.63%	平稳	75.44%
(29)苗种体色	深(褐黑色)	100%	浅(棕黄、棕褐)	77.50%
	浅(棕黄、棕褐)	0	深(褐黑色)	22.50%
(30)苗种体形	偏瘦	81.7%	偏瘦	20.00%
	偏胖	18.3%	偏胖	80.00%
(31)苗种个体	大	15.0%	大	94.10%
	小	85.0%	小	5.90%
(32)苗种体色均一性	均一	100%	均一	65.00%
	不均一	0	不均一	35.00%

注:样本量为 86 尾野生大鲵成体,114 尾养殖大鲵成体,60 尾野生大鲵幼苗(未脱鳃),120 尾养殖大鲵幼苗(未脱鳃)。

2.野生个体与养殖个体的数量性状分析

通过对表 1-2 数据收集过程中进行的一系列统计分析,获得了区分野生个体与养殖个体的量化指标,可为大鲵的鉴别提供一定的参考依据。在本研究中,重点测定大鲵的肥满度和重要的轮廓指标。肥满度又称丰满度或丰满系数,最早由 Fulton 提出,计算公式为:$K = 100\ (W/L^3)$。公式中,W 为体重(g),L 为全长(cm),K 为肥满度。K 值越大说明越丰满,从表现型来看显得更肥胖。调查测量的大鲵样本量为 200 尾,包括 86 尾野生大鲵和 114 尾养殖大鲵。统计结果显示,野生个体肥满度 $K_{野}=0.271$,养殖个体肥满度 $K_{养}=0.383$,说明全长相同的两条大鲵从外形上看,养殖个体显得更丰满臃肿,野生大鲵显得更匀称,轻盈苗条。从反映轮廓的参数,如体高 H(cm)和体宽 W(cm)的角度来看,野生个体的体高校正值和体宽校正值如下:$H_{野} = 0.093 \pm 0.015$ cm,$W_{野} = 0.136 \pm 0.035$ cm。

养殖个体的体高校正值则为：$H_{养} = 0.103 \pm 0.018$ cm，$W_{养} = 0.203 \pm 0.019$ cm。这一数据勾勒出养殖个体的躯干显得肥厚，野生个体的躯干显得扁薄。统计数据发现，头长 M(cm)和头宽 N(cm)也是区分养殖个体和野生个体的一个参考指标。测得野生个体头长校正值和头宽校正值分别为：$M_{野} = 0.163 \pm 0.039$ cm，$N_{野} = 0.143 \pm 0.029$ cm。养殖个体头长校正值和头宽校正值分别为：$M_{养} = 0.165 \pm 0.034$ cm，$N_{养} = 0.157 \pm 0.012$ cm。这组数据可以理解为同等规格的野生个体成体头部略显窄小，养殖个体成体头部略显宽大，分别与野生个体扁薄和养殖个体肥厚相吻合。野生个体与养殖个体的数量性状分析详见表 1-2。

表 1-2　野生个体与养殖个体的数量性状分析

项目	野生个体	养殖个体
体重	5.71±2.44	6.75±2.01
体长	78.31±9.41	77.33±8.30
体高	7.76±1.91	8.00±1.00
体宽	8.68±2.25	15.67±0.57
头长	13.20±4.21	15.67±0.58
头宽	9.36±1.40	12.17±0.28
眼间距	5.32±1.90	5.50±0.50
尾长	34.75±12.22	32.67±6.42
尾高	9.85±5.31	10.33±1.15
肤褶宽	1.93±0.28	1.90±0.10
前肢长	8.84±2.50	6.16±0.76
后肢长	10.27±3.82	9.00±1.00
肤褶宽校正值	0.046±0.006	0.037±0.041

续表

项目	野生个体	养殖个体
体高校正值	0.093±0.015	0.103±0.018
体宽校正值	0.136±0.035	0.203±0.019
头长校正值	0.163±0.039	0.165±0.034
头宽校正值	0.143±0.029	0.157±0.012
眼间距校正值	0.163±0.240	0.171±0.005
尾长校正值	0.446±0.018	0.419±0.038
尾高校正值	0.121±0.027	0.133±0.015
丰满度	0.271±0.021	0.383±0.025

注:长度单位为厘米(cm);体重单位为千克(kg)。

二、生长特征

自然环境下,由于饵料的缺乏,大鲵经常处于饥饿状态,生长非常缓慢,而且由于温度的影响,大鲵的生长期短,一年中只有4～10月摄食,其余时间处于冬眠状态。在自然环境条件下,如果水质好、饵料资源丰富,大鲵生长速度较快。

早期幼鲵生长缓慢,到5龄时生长速度加快,体长与年龄呈线性相关。大鲵的生长特性是幼体缓慢,亚成体较快,成体稍慢,即“慢一快一慢”。这与性成熟年龄相关,也与一般动物在性成熟后生长减慢的规律是相一致的。刚孵化出的稚鲵体长一般在2～3 cm,约30 d后,卵黄囊消失,脱膜后的幼苗生长120 d后,开始用肺呼吸,出膜27 d后,外鳃开始萎缩,营养条件好的幼苗1周年后基本完全变态。

在人工养殖条件下,以2～5龄时的生长速度最快,尤其是2龄期,体重年增长倍数达6.5～9.8倍,体长年增长倍数为 2.2 倍左右。池养大鲵体重的增长明显比野外种群快，这主要与人工投饵营养较全面和水温较为适宜有关。

人工养殖大鲵的基本生长规律为：幼苗阶段增重速度慢，当养殖一年半后，大鲵增重到 250 g，养殖两年体重可以达到 500 g，此时增重明显，平均每个月可以增重 250 g。在其他条件相同的情况下，不同饵料、不同水温、不同放养密度等因素都会造成大鲵不同的生长速度。其中水温是影响大鲵生长速度的最重要的因素。

（一）稚鲵的生长速度

脱膜后的幼苗经过 4 个月的培育，平均体长 7.7 cm，平均体重为 3.67 g，开始用肺辅助呼吸。出膜 270 d 后，平均体长 12.5 cm，平均体重为 16.57 g，外鳃开始萎缩，营养条件好的幼苗 1 周年后基本完全变态，若营养条件差，稚鲵完成变态达到幼鲵的时间将增长，此时的平均体长为 15 cm，平均体重为 24 g。

（二）成鲵的生长速度

按照水温在 10～22 ℃的养殖条件下，大鲵的平均生长速度一般为：当大鲵生长到 1.5 龄时，体重在 250 g，生长到 2 龄时，体重在 0.5 kg，生长到 3 龄时，体重可达 1.5 kg，生长到4 龄时，体重在 2.5 kg 左右。

第三节　大鲵的生活习性

一、栖息环境

中国大鲵是属生活于顶级群落的特化种的野生动物，其食性为肉食性，经过漫长的自然选择使野生大鲵向着范围狭窄进化，追使大鲵适应一个特定的生境，即在一个有限的生境范围内生存和繁殖，一般生活在石灰岩地质结构的溶洞、阴河或海拔在 200～2 000 m 的山溪，具有岩石洞隙特定的生境之中。大鲵一般生活在水流湍急，水质清凉，水草茂盛，石缝和岩洞多的山间溪流、河流和湖泊中，有时也在岸上树根系之间或倒伏的树干上活动，并选择有回流的滩口处的洞内栖息。

从我国分布的区域看，绝大多数分布在盆地边缘的中山区和低山区，海拔 300～800 m 之间的溪河为集中分布区。大鲵所栖息的河流环境，地质结构最显著的特点是石灰岩层广布，山地断层发育，褶皱紧密，节理密于蛛网，新构造运动强烈。河流两岸岩壁高耸，其下被水流切割溶蚀，形成许多幽深的洞隙暗流，或为泥石陡坡，且水草及乔灌丛生。

大鲵产地的河流水浅流急，不时有深潭，水位变幅突出，消涨容易，径流量小，洪枯流量差大。全年除了汛期山洪和泥石流等特殊情况外，多数时间，河水的含沙量一般不大，常常是清澈见底，涓涓细流。因植被好，河流又多流经易溶解的石灰岩地区，河床石底沙砾遍布，水的矿化程度高，硬度较大，水的 pH 为 6～7。年平均水温在 7～25 ℃，冬季水温比同期气温略高 1～2 ℃，所以河水很少结冰。夏季水温较同期的气温略低 2～4 ℃，水温年较差小，变化和缓。产地的气候，一般来说温凉湿润，降雨量充沛，光照少，云雾多，年平均气温在 12～17 ℃，无霜期 220～270 d，年平均降雨量 1 000 mm 以上。4～10 月多暴雨山洪，雨量较集中，由于各地的地势特异，其气候又有显著的不同。最冷的 1 月气温在 3～7 ℃之间，最热的 7 月平均气温 27 ℃左右。

总之，根据近年来有关大鲵的资源调查数据及大鲵资源保护、繁殖技术等方面的研究积累的资料，总结了野生大鲵的栖息生境包括 3 方面因素：物理化学因子（温度、湿度、盐度等）、资源(能量、食物、水、空间、隐蔽条件)、生物之间的相互作用(竞争、捕食等物种种间互作等)。

(1)温度。每一个物种都有一个适宜的生存温度,温度过高或过低将对动物的生存、发育与繁殖产生不良影响,超过一定范围的温度甚至会引起动物死亡。野生大鲵栖息生境一般在森林茂密的山间溪河之中,其海拔一般在 200～2 000 m 范围之内,山高水冷、水温变幅范围在 4～23 ℃之间,且其小溪是随山势,由高至低,海拔水平不在一个平面上,这为大鲵选择适宜的生活水温提供条件。

(2)水。野生大鲵常年栖息于山间溪河的水中,其水质清新、流水声声不断,溶解氧一般在 5 mg/L 以上;水的矿化程度较高,钙的含量一般在 500 mg/L 左右,总硬度为 8～9 之间,pH 在 6～7 之间,镁的含量在 15 mg/L 左右。野生大鲵栖息水域,一般多处于石灰岩地质结构,钙镁的含量较高。

(3)土壤。野生大鲵栖息生境,均在植被覆盖率比较高的地带,森林茂密对于土壤起到了保水作用,同时还提供了较丰富的树叶等有机碎屑,空气湿润、氧气足而新鲜对于大鲵相关的饵料生物的繁衍也非常有利。一般山间小溪,处于高山炭谷之中,溪中广布大小不等的岩石、砂卵石,天然形成了大小各样的石缝洞穴,有利于野生大鲵的栖息避光与捕食。土壤、岩石、沙地、植被等基质因素为大鲵提供了较佳栖息环境。

(4)短日照。中国大鲵在长期进化中,选择了高山峡谷小溪与石灰岩的溶洞与阴河中栖息的特定的环境,其眼睛小且趋于退化状态,是与其栖息生境相适应的。高山峡谷的小溪流,以高山为屏障,光照短,甚至无光,长期处在溶洞与阴河之中,即使在小溪流,白天也只是隐藏于石缝洞穴之中,不见其踪影,这是野生大鲵生境的独特之处。

(5)食物。食物是连接动物与环境的纽带,也是建立动物群落各种间关系的基础。捕食与被捕食、竞争等种间关系是动物间食物联系的最具体的体现。根据野生大鲵的资源调查(四川省长江水产资源调查组,1973 年)显示成鲵的食物组成有溪蟹(占胃内含物的 60%以上)、鱼类(马口鱼、鲫鱼、刺鳅等)、蛙类(主要是棘胸蛙、金线蛙等)、水蛇、鼠类等;稚鲵的食物有红虫、水生昆虫、甲壳类幼体及植物有机碎屑等;幼鲵的食物主要为小鱼、小虾等。

(6)野生大鲵的隐藏条件。所谓隐蔽条件是指生境中能提高动物生存能力及繁殖力的所有结构资源。大鲵隐蔽条件的组成包括:①植被;②地形地貌(坡间、坡位、坡度、海拔、岩洞、砾石等);③水石(包括水深、水温);④土壤结构;⑤小气候等。

二、生活习性

(一)日常习性

大鲵属于水栖生活的两栖动物,生活在海拔 200～2 000 m 的山区溪流和阴河中,栖息场所通常水源充沛,水质清新,溶解氧充足,多沙石且水流不断。

大鲵适宜的生长水温为 10～25 ℃,最适温度为 18～23 ℃。大鲵喜冷怕热,是变温动物,体温随着周围环境温度的改变而改变,并且与周围的环境温度保持差不多。当水温降到 10 ℃以下时,大鲵活动减弱,会进入冬眠状态。一直到次年 3 月,温度上升到 10 ℃以上时,大鲵结束冬眠,并开始恢复活动摄食。夏天水温达到 28 ℃以上时,就会影响大鲵的生长和正常活动,并且有时候还会伴有夏眠现象。生存水域的适宜 pH 范围在 6.5～7.5 之间,长期处于碱性环境中的大鲵容易生病。

大鲵喜欢在水域的中层或者下层活动。具外鳃的幼鲵喜群居在溪河支流的小水潭内;成鲵喜清静,怕声畏光,多单独分散活动,穴居,一般不集群,一穴一尾,栖息洞穴一般不随意变动。白天栖息于深潭或者岸边,水流较缓或者有回流水的洞穴,傍晚和夜间出来游动、捕食,觅食完毕仍返回原地。

(二)摄食习性

大鲵是肉食性动物,在所栖息的生态系统中位于食物链的顶端。野生大鲵以动物性活饵料为主,幼鲵以食小型无脊椎动物为主,如红虫、水蚤、昆虫幼虫、小型鱼虾等;成鲵则以食鱼虾、蛙类、软体动物、水生昆虫和贝类等为主。摄食种类与不同地区食物种类结构有关,也与生长阶段和环境中食物的组成变化有关。大鲵代谢率低,耐饥饿能力强,进食一次后可一个多月不食。

大鲵的摄食采取囫囵吞食的方式:先对食物的适口性进行对比,然后张开嘴,同时身体用力向饵料方向冲去,把饵料咬住后,片刻后即吞入体内。自然条件下大鲵的摄食具有季节性,一般在 4～10 月摄食。

水温是影响大鲵摄食的重要因子。每年 3～4 月的平均气温达到 12 ℃左右,大鲵从冬眠中开始复苏的温度为 10 ℃,所以,大鲵在春季开始摄食,但是摄食量还是比较少。而到了 5～7 月之间,气温逐渐升高,平均温度达到 20 ℃左右,这个温度十分适合大鲵生长,此时期大鲵的活动由静伏于洞穴趋向活跃,开始主动摄食,食欲明显增加。同时,这个时期也是大鲵增加营养,为繁殖期储备营养的重要阶段。8～9 月期间,平均温度达到 23 ℃左右,大鲵的活动量和食量均达到高峰期,成年大鲵进入繁殖季节,副性征表现明显。但是当水温达到 25 ℃以上时,大鲵食欲减退,甚至停止摄食。每年 10～12 月,这期间平均温度为 16.3 ℃,大鲵活动量逐渐减少,食欲也会下降,但在 10 月和 11 月有一个摄食的高峰期,摄食次数仅次于盛食

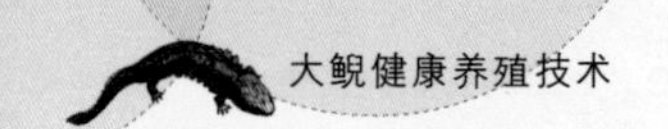

期,这可能与大鲵储备足够的能量,保证冬眠期间的安全和能量需要有关。次年1～2月,这段时间的平均温度为8.9 ℃,气温在10 ℃以下时,大鲵开始冬眠,活动量相当少,摄食量也极少,大多数白天进入洞穴躲起来,只有少数静伏于水底,对外界的刺激反应较为迟钝,自卫能力弱。

(三)繁殖习性

大鲵一般4～5龄性成熟,性腺发育具有周期性变化。雌鲵的性腺一般在夏季成熟,而雄鲵一般秋季成熟,正因为性腺发育的不同步,导致野生大鲵的繁殖率很低。大鲵为卵生,体外受精,每年产卵1次。每次产卵数为300～1 500粒(主要根据雌雄的体重不同而异),繁殖季节为每年5～10月,高峰期为8～9月。卵一般产在水中的石洞中,在水温14～21 ℃的条件下,经38～40 d可孵出幼鲵,体长约3 cm,具外鳃,体长至20 cm左右,外鳃消失。

(四)行为习性

1.呼吸行为

大鲵以肺呼吸为主,皮肤辅助呼吸。幼鲵用鳃呼吸,大鲵的呼吸过程属于四程式呼吸:间歇式浮出水面－1次呼气和2次吸气－咽气－肺贮存气体。大鲵以这样的换气方式来适应水栖生活。

2.鸣叫行为

发声是动物社群行为中重要的信息传递方式。对大鲵的水下发声进行观察,发现大鲵的鸣叫在繁殖季节明显,主要表现在晚上发出“吱吱吱”的声音。另外,在人为搬动、注射药物、发生疾病、水温过高和环境胁迫等情况下,大鲵都有鸣叫行为。

3.选择栖息地行为

野生大鲵的栖息河流分为溪流、U形河流、平底型河流和暗河4种。洞穴的水深，洞口宽，水流速度和河底组成是影响大鲵选择的主要因子，而海拔和洞口高度对其影响不大。但在人工养殖条件下，大鲵对洞穴要求不高，甚至不建造洞穴，也能正常生长。

4.领地习性

大鲵有很强的领地行为，野生成年的大鲵多喜独居。若有其他大鲵进入领地，会发生争斗或者撕咬。但幼年大鲵有群居的行为，一起嬉戏，一起觅食，关系较为融洽。在仿生态自然繁殖实验中，我们发现大鲵在争洞穴时也会发生争斗现象。大鲵发生争斗时，容易受伤感染病菌，因此，应及时处理伤口。人工养殖的大鲵由于长时间在一起生活，在有充足饵料的情况下，领地习性不明显。不仅如此，由于大鲵适应了群居的生活，还会有集群栖息在一个人工洞穴里的现象。

5.攻击习性

大鲵幼苗外鳃消失前，常见一尾大鲵咬着另一尾的尾部。但这种行为并没有引起伤害，可能不属于相残行为，而是一种包含了游戏成分在内的攻击行为。但大鲵幼苗究竟有没有相残的行为，有待进一步的观察。接近或者已经达到性成熟年龄的大鲵，其追逐行为多演变为相残行为。成年大鲵有吞食幼鲵和卵的行为，所以在人工养殖的时候，要按大、小规格分开饲养。当大鲵遭遇攻击时最显著的特点就是皮肤会分泌胶原蛋白，它是具有黏性的胶状物，能够阻止攻击者的攻击。

第二章　大鲵的价值

大鲵是我国的珍稀保护动物,出现在文字记录中的时间非常早,从《山海经》到《本草纲目》,古代的人们对大鲵的认识处于表面,使大鲵披上了一层神秘的面纱。大鲵不仅有神秘的人文价值,还有很高的经济价值和科学研究价值。其经济开发价值主要表现在资源、生物科学、医药研究、食品加工与环境保护等领域。科研价值则是表现在对动物个体发生和系统发生等生物进化研究方面。

第一节　观赏价值

大鲵生存栖息地均是青山绿水,生态环境优美,其栖息地是衡量环境好坏的一个标志。由于大鲵体态憨厚,体形独特,体色多样,只产于山区,并且属于国家二级濒危野生动物保护物种,所以在国内一些城市的公园内经有关职能部门审批进行驯养的大鲵,可供游人观赏。如汉中兴元湖公园里的动物园就有驯养的大鲵供游人观赏;在张家界建成了全国第一家大鲵科技馆,吸引了大批游客的参观;重庆市巫山县有一条罕见的百岁大鲵,经当地媒体报道后,围观者也是络绎不绝。

第二节　人文价值

中国大鲵是我国特有的珍贵保护动物。大鲵出现在地球上已有3亿年,部分物种至今还留存在地球上,它们在自然的选择中被留了下来,一切存在都是合理的,大鲵可以说是自然的宠儿。

它们的身影跨越了漫长的时空,从上古到现在,从一片蛮荒到盛世繁华,还是那憨态可掬的模样。大鲵出现在中国的文字记录中非常早。据考证,从战国时期到清末的两千多年时间里,记述大鲵的书籍在 50 种以上。在《山海经》中就有对大鲵的描述:“决决之水出焉,而东流注于河。其中多人鱼,其状如䱱鱼,四足,其音如婴儿,食之无痴疾。”这是说大鲵长了四条腿,叫起来就像小孩子啼哭一样。虽然古人对大鲵的认知大多停留在表面,但是人们对神秘的大鲵从来没有停止过探索。

值得一提的是,在中国被视为道教图腾的阴阳八卦图,简直就是由首尾相咬的黑白双鲵构图而成,《鲵志》对此有精彩描述。古时候在武陵有一个隐居的老儒生,到八十岁都还没有子嗣。老儒生自觉年迈,衣食无依,想投河自尽,在河边就看到了大鲵,“似鲇而生四足,援木攀岩几近猿猱,呼朋引伴一如小儿修其尾,坠其腹,状若守宫,昼沉而夜浮龟行而蛇疾游猎乱石凛凛然,人莫敢犯”,老儒生用青蛙做饵捕获了几尾,烹食之,半年就身强力壮,重回壮年,他的妻子更是三年内生了九个儿子。张道陵寻丹到了武陵,饥饿难耐,向这个儒生化缘,儒生就煮了一锅娃娃鱼招待他。张道陵吃了娃娃鱼后感觉神清气爽,顿觉身外有身,神游九霄,世间万象豁然于怀。他就奇怪,问儒生为何如此,儒生一五一十告诉他了。张道陵就在武陵住了一段时间,不久悟得真道,衍尽天地万物之阴阳变异玄机。于是就以双鲵交合为道教图志,是为太极图案。

第三节　经济价值

一、食用价值

大鲵是我国二级保护动物,国家规定只有人工养殖子二代大鲵可以进行食用和买卖,严禁捕捞和食用野生大鲵。

大鲵肉质鲜美，肥而不腻，味清淡而鲜美，无骨刺，营养价值极高，口感介于鱼肉与蛇肉之间，是滋补保健珍品，被誉为“水中活人参”。大鲵的营养远远超过海参、鹿肉、熊掌、狸唇、鲍鱼、鱼翅，素有“盖八珍”之说。在香港、台湾、东南亚，大鲵被视为名贵补品，对人体虚补有奇效，曾有“吃一鲵肉长一甲子功力”之说。食用能增进食欲，强壮体质，被列为珍肴，是一道久负盛名的野味，历史上就把大鲵当作珍馐追捧。

“红烧娃娃鱼”更是一道不可多得的佳肴，为汉中名菜。相传唐代著名大诗人李白，才气横溢，所作的诗俊逸高雅。贺知章叹其为谪仙，言于唐玄宗，唐玄宗大为赞赏，即令李白充供奉翰林。某次，李白甚赞此菜美味，畅饮斗酒，名播京兆。此菜后为天水名肴，色泽红亮，软烂适口，汤汁浓醇，风味独特。用大鲵做成的佳肴还有贵州的“八宝娃娃鱼”、湖南的“天下第一鲜”等。

二、营养价值

大鲵肌肉蛋白是一种优质蛋白，必需氨基酸含量高，组成比例好，完全符合人体需要量模式，其营养价值远优于鲍鱼、燕窝、鱼翅和甲鱼。大鲵肌肉蛋白富含 18 种氨基酸，其中 6 种呈味氨基酸，占氨基酸总量的 43.90％；8 种人体必需氨基酸，占氨基酸总量的 46.82％，必需氨基酸与非必需氨基酸比值为 68.68％，均符合国际粮农组织及世界卫生组织推荐的理想模式。大鲵肌肉蛋白必需氨基酸评分高，符合人体需要量模式程度相当高，其中含有丰富的我国主食中容易缺乏的赖氨酸，可以与主食合理搭配食用，以起到蛋白质互补作用。另外，刘绍等对饲养的中国大鲵肌肉中氨基酸组成及含量也进行了研究，结果见表 2-1。由表 2-1 可知，饲养的中国大鲵的肌肉中天冬氨酸、谷氨酸、赖氨酸、亮氨酸的含量比较高，而胱氨酸、色氨酸的含量比较低。

表 2-1 大鲵肌肉中氨基酸的组成及含量

氨基酸名称	含量(g·kg⁻¹)	氨基酸名称	含量(g·kg⁻¹)
天冬氨酸(Asp)	16.1	异亮氨酸(Ile)	8.4
苏氨酸(Thr)	7.4	亮氨酸(Leu)	13.7
丝氨酸(Ser)	6.8	酪氨酸(Tyr)	6.1
谷氨酸(Glu)	24.3	苯丙氨酸(Phe)	7.1
甘氨酸(Gly)	7.7	赖氨酸(Lys)	14.7
丙氨酸(Ala)	9.7	组氨酸(His)	4.3
胱氨酸(Cys)	1.8	精氨酸(Arg)	10.7
缬氨酸(Val)	8.2	脯氨酸(Pro)	5.9
蛋氨酸(Met)	5.1	色氨酸(Trp)	2.7

大鲵肌肉中脂肪含量虽然不高，但必需脂肪酸(EFA)比例高。特别是二十二碳六烯酸(DHA)含量丰富，具有与深海鱼类相似的必需脂肪酸组成和较高二十二碳六烯酸含量的特点。大鲵脂肪中不饱和脂肪酸(UFA)比例高达 71.13%，其中单不饱和脂肪酸(MUFA)为 42.18%，多不饱和脂肪酸(PUFA)为 28.15%，具有保健作用的 ω-6 型多不饱和脂肪酸为 13.10%，ω-3 型多不饱和脂肪酸为 15.15%，对预防心脑血管疾病具有良好的作用，是治疗烫伤、烧伤的特效药。

多不饱和脂肪酸是研究和开发功能性脂肪酸的主体和核心。其主要包括亚油酸(LA)、γ-亚麻酸(GLA)、α-亚麻酸(ALA)、花生四烯酸(AA)、二十碳五烯酸(EPA)、二十二碳六烯酸等，其中，亚油酸及 α-亚麻酸被公认为是人体的必需脂肪酸，在人体内可进一步衍化成具有不同功能作用的高度不饱和脂肪酸，如花生四烯酸、二十碳五烯酸、二十二碳六烯酸等。花生四烯酸既是人体大脑和视神经发育的重要物质，也是前列腺素合成的前体物质。二十二碳六烯酸，俗称“脑黄金”，是一种对人体非常重要的多不饱和脂肪酸，对婴儿智力和视力发育至关重要。富含多不饱和脂肪酸的鱼油具有预防心肌梗死、心律不齐、动脉粥样硬化、冠状动脉硬化，降低血脂，清除自由基抗氧化，抗衰老等功能。

大鲵肌肉中富含微量元素锌，含有一定量的硒；大鲵软骨中含有大量钙；肝脏中含有丰富的维生素，如维生素 B_1、维生素 B_2、维生素 A、维生素 D 与尼克酸等。大鲵肌肉中锌含量相当高，是常见淡水鱼和海水鱼类的数倍。微量元素锌能够诱导金属硫蛋白(MT)的合成，而金属硫蛋白能够与进入机体的有毒的重金属镉、汞、铅等结合，从而使之失去毒性，这对处于镉、汞、铅污染地区的人们排出体内的铅、镉、汞具有相当积极的意义。经常食用大鲵肉能够延缓衰老，提高机体免疫力。

三、药用价值

大鲵是一种集保健、药用、美容作用为一体的珍贵物种，被专家誉为“水中人参”“软黄金”。

大鲵是一种传统名贵药用动物，其肌肉、内脏、骨骼、表皮及其分泌物均可入药，在历代医学著作中多有记载。如《本草纲目》中有“鳞目、四部、大鲵……以痴疾”，《本草经集注》《本草拾遗》等药典中也有“治痴疾、治牛、治斑疾”的描述，表明了大鲵入药在提高智力、美容、益肤方面有显著功能。

中医认为，大鲵性甘平味淡，有补气、养血、益智、滋补、强壮之功效，主治神经衰弱、贫血、痢疾、疟疾，用于病后、产后身体虚弱、肾虚阴亏、肺痨咯血、久痢脱肛。民间用大鲵肉250 g切成块，加少量油盐，炖熟食之，可治贫血、痢疾、肺痨。

大鲵机体内含有70多种天然活性物，能够促进人体生理活性，改善人体生理代谢，促进人体蛋白质合成，提高人体免疫功能，增强抗病能力。

大鲵含有的丰富金属硫蛋白，能清除人体内的自由基和过量重金属离子，从而能起到调节人体微物质循环，预防重金属中毒，延缓衰老的作用，并可用于阿尔茨海默病(俗称老年痴呆)和痴症的辅助治疗。大鲵可促进细胞的二十二碳六烯酸生物合成，增强机体的免疫力，提高抗病能力。研究表明，大鲵机体中可提取超级抗原PRCA，它被国际卫生组织称为“诱导癌细胞凋亡反应因子”，可以杀伤癌细胞，抑制癌细胞的生长和转移，从而达到防癌抗癌的目的。

大鲵鱼皮中含有41%～61.3%的人体最佳祛皱美容物质——胶原蛋白，能够使人体皮肤保持弹性、润滑细腻、健康白嫩，被称为养颜、美白圣品，具有极强的美容功效。

大鲵的皮肤及其分泌物，胃、尾部脂肪也具有多种功效。大鲵的肝具有清心明目、清热解毒、化解重金属毒素、补血益气的功效。其胃能有效地增强人体胃的机能，对胃病的治疗有特效。大鲵的软骨中富含硒元素，尾部则有大量不饱和脂肪酸，对心脑血管有很好的保健作用。大鲵的皮粉拌桐油可以治疗烧伤、烫伤，尤其是对面部的烧烫伤的治疗不留疤痕更显神奇无比，可谓伤科的灵丹妙药。其皮肤分泌的黏液可预防麻风病等。现在有中、俄专家在大鲵体外采用无创提取黏液技术采集黏液，并利用世界上最先进的酶膜反应技术，用大鲵黏液制备出的特效生物活性物质大鲵低聚糖肽，能在短时间内清除“皮肤杀手”——氧自由基，能够抗氧化、抗衰老、抗紫外线，具有超强免疫活力。

第四节　生态保护价值

大鲵的生态保护价值主要体现在大鲵资源的恢复对保护遗传多样性和物种多样性有重要意义。20 世纪 60—70 年代人们对大鲵的大肆捕捉就是只注重经济价值而忽略了生态保护价值。

历史上大鲵在我国的资源量丰富,且分布范围较广,主要分布在长江流域及黄河、珠江中下游的支流中,贵州、湖南、湖北、四川、陕西、山西、河南等 18 个省区的地方县志中都有过大鲵的记载。随着经济的发展和人类活动的不断增多,大鲵栖息地遭到严重破坏,人为捕捞使大鲵自然种群数量不断下降,分布区域也逐渐缩小。现今各地大鲵野生种群已十分有限,并且出现了个体小型化、繁殖群体数量偏少、年龄结构偏低等情况,野生资源几近枯竭,对大鲵资源的保护刻不容缓。

为了保护中国大鲵这一我国特有的古老物种,我国于 20 世纪 80 年代把大鲵列为国家二级保护动物。同时,为了有效遏制大鲵资源衰退的趋势,做好大鲵的保护工作,近年来,各级渔业行政主管部门做了大量工作,加强自然保护区的建设和栖息地的保护。建立自然保护区是保护水生野生动植物非常有效的措施和手段。迄今,全国已建设大鲵自然保护区 20 多个,其中国家级大鲵自然保护区有 6 个,省级大鲵自然保护区有 7 个,见表 2-2。除此之外,还有部分市级和县级保护区。在各级政府的重视下,各保护区相继开展了勘界立标和资源普查等工作,部分保护区还完成了机构设置、人员配备和基础设施建设。保护区的建立,对大鲵资源保护起到了积极的推动作用。

表 2-2 中国已建立的部分大鲵保护区

保护区名称	行政区划	级别	面积(公顷)	建立时间
湖南省张家界大鲵自然保护区	湖南张家界	国家级	14 285	1998 年
湖北省咸丰县忠建河大鲵自然保护区	湖北咸丰	国家级	238	1994 年
贵州省松桃苗族自治县松桃大鲵自然保护区	贵州松桃	国家级	69.3	2011 年
河南省新安县青要山大鲵自然保护区	河南新安	国家级	9 000	1987 年
河南省伏牛山自然保护区	河南省西峡、内乡、南召、栾川、嵩县、鲁山等 6 县	国家级	56 024	1997 年
陕西省太白山自然保护区	陕西太白、眉县、周至三县交界处	国家级	56 325	1965 年
湖北省竹溪县万江河大鲵自然保护区	湖北竹溪	省级	7.8	1994 年
四川省通江县诺水河大鲵自然保护区	四川通江	省级	9 480	2002 年
甘肃省秦州大鲵自然保护区	甘肃秦州	省级	2 350	2010 年
甘肃省康县大鲵自然保护区	甘肃康县	省级	10 247	2009 年

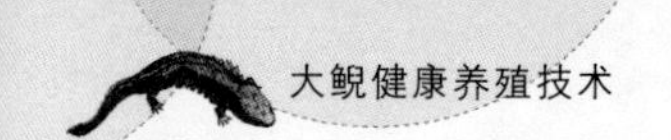

续表

保护区名称	行政区划	级别	面积(公顷)	建立时间
甘肃省文县白龙江大鲵自然保护区	甘肃文县	省级	212	2005 年
河南省卢氏县卢氏大鲵自然保护区	河南卢氏	省级	4 004	1982 年
江西省靖安县潦河大鲵自然保护区	江西靖安	省级	100	1976 年

建立自然保护区虽然加强了对大鲵的保护,但是自然界大鲵资源量恢复的问题一直悬而未决。近年来,大鲵的人工养殖越来越受到养殖者的青睐。通过人工养殖大鲵的方式增加大鲵的数量,再将成熟个体放归自然,一定程度上,可以缓解野生大鲵资源减少的情况,对大鲵在自然界的数量增加、资源的恢复有重要的作用,但是还远远达不到 20 世纪 50 年代的资源量。所以,大鲵资源的恢复任重而道远。

第五节　科研价值

大鲵的科研价值主要表现在动物个体发生和系统发生等生物进化研究方面。有些科研院所的专家也在探索大鲵全基因组测序。

隐鳃鲵科大鲵是一个非常古老的类群。在欧洲、东亚和北美的中新世、渐新世和上新世的地层中都发现了隐鳃鲵亚目动物的化石,表明其在地球上曾广泛分布,而且与现存隐鳃鲵科动物的形态结构十分相似;近年在中国内蒙古发掘出侏罗纪中期(16 000 万年)的隐鳃鲵亚目动物化石,对比发现现存隐鳃鲵科大鲵还保持着其祖先原始的特征,这些研究结果说明了大鲵的原始性和古老性。有尾两栖类是扩散能力较差的脊椎动物，它们对水环境的依赖程度较大，克服不同阻碍的能力也较差，因此它们分布区的大小在一定程度上反映了栖息地的地质年龄和演化历史，在两栖类动物中分布最广的类群可能是一个最古老的类群。

中国大鲵在我国分布于黄淮平原地区、黄土高原地区、西南山地地区、东部丘陵地区和西部山地高原地区，跨越不同的气候带和不同的水系，是现存有尾两栖类动物中分布最广的一个物种，这进一步说明中国大鲵漫长的进化历史和位于两栖类中原始类群的地位。隐鳃鲵亚目动物还被认为是研究脊椎动物一些新出现的解剖结构的进化速率和方式的模式系统。由此可见，中国大鲵是脊椎动物从水生向陆生过渡的原始类群。因此，它在研究陆生四足类脊椎动物系统演化中具有重要的科学价值。

中国大鲵所代表的两栖类是鱼类和爬行动物之间的过渡类型，有古老的“活化石”之称，是现代生存两栖类中最大的种类，其结构又比较原始，是研究动物进化的良好标本。中国大鲵在形态结构上具有很多独特的地方，保留了很多在进化过程中的痕迹。中国大鲵骨骼系统中的原始特征包括犁骨齿列的“ω”状圆弧形，保留相当完整的麦氏软骨，脊椎骨属双凹形，荐椎分化尚不明显，肩带和腰带多软骨，髂骨与荐肋连接位置不固定，且通过软骨相连，这决定了其后肢对身体的支持作用仍很有限。中国大鲵的附肢骨也表现出这种过渡类型的原始性，如其后肢的体位更加类似于鱼类，后肢向后伸展，且在趾间有蹼，适应在水中游动，四肢在水中的使用多于在陆地上。

中国大鲵由于迁徙能力差，且对水依赖性强，有利于形成地理上的空间隔离，不同水系的大鲵种群间的基因交流不太可能，因此部分地方种群的大鲵适应自己的生境，可能形成独特的种群遗传特征，是研究生物多样性的独特材料。我国研究人

员在DNA和同工酶水平上证实了安徽黄山大鲵种群特殊的遗传特征，也证实了该地地方种群与其他不同地方种群存在着遗传上的差异。因此，中国大鲵不仅是我国特产的珍贵稀有动物，而且对于研究动物的遗传多样性和地理分布等方面也有着重大的科学价值。

同时，大鲵胚胎诱导也是发育生物学和神经生物学研究的主要动物模式，而以核转移技术为基础的动物克隆中，大鲵克隆研究也是非常重要的生命科学研究模式。2013年，河南师范大学和Macrogen千年基因集团以科研合作的形式共同启动大鲵全基因组和转录组测序，将沿用目前国际公认的denovo测序方案(454&454+测序平台为主，结合多种平台)完成，并将于国际上首次绘制其全基因组图谱。如果此项研究获得突破，将能从分子水平更好地阐释大鲵幼体和成体的变体过程及再生修复过程，这将对干细胞的产生，细胞结构和功能的改变，组织器官发育、重建和再生，肿瘤的发生和发展等一系列的研究具有重大的指导意义，同时对器官移植、癌症等重大医学问题有着潜在的重大突破性意义。

第三章　大鲵的养殖环境

大鲵的养殖过程中，周围环境是一个不可忽略的因素。大鲵生性喜冷怕热、喜静怕吵、喜阴怕光，而且野生大鲵穴居，生活环境较为独特。一般生活在水流湍急，水质清凉，水草茂盛，石缝和岩洞多的山间溪流、河流和湖泊中，有时也在岸上树根系之间或倒伏的树干上活动，并选择有回流的滩口处的洞内栖息。所以，人工养殖大鲵的环境最好和大鲵原产地的环境条件接近。虽然人工养殖的大鲵不穴居，但是，仍要求保持优良的水质、适宜的温度、幽静的四周环境等条件。

第一节　养殖用水特征

大鲵是两栖动物，幼体、成体虽然能在陆地上生活，但是不能长时间离开水生存。两栖动物的生长过程中有一个重要的阶段——变态。大鲵也要经历变态期，变态期之前的稚鲵依靠外鳃呼吸，只能生活在水中。变态期之后，虽然大鲵能在陆地上生活，但是也不能长期离开水生活。成体大鲵皮肤有大量黏液腺保持体表湿润，这使得大鲵能在水环境中生活，同时又可以一定程度上适应潮湿的陆生环境，防止了体内水分的丧失，大鲵并不能完全适应陆地的生活。因为大鲵虽然依靠肺进行呼吸，但是大鲵的肺部发育不完善，它还要依靠湿润的皮肤来辅助呼吸，而离开水的大鲵不能保持皮肤的湿润，这样就不能很好地辅助呼吸。大鲵的生殖发育也离不开水环境，大鲵的生殖方式是卵生，只能在水中产卵。另外，大鲵是变温动物，体温随着环境温度的变化而变化。尤其是夏天，如果大鲵离开水生活，皮肤会很快干燥，体温会很快升高，体温超出大鲵正常的生存温度就会导致大鲵的死亡。

一、水源

大鲵养殖场的水源有地下水、大型水库、无污染的江河、山溪的溪流和泉水。大鲵最理想的水源是石灰岩地区的阴河水、泉水。其特点是透明度高，水质矿化程度高、硬度大。

依据地表水水域环境功能和保护目标来看，按功能高低将地表水依次划分为五类。

Ⅰ类：主要适用于源头水、国家自然保护区。

Ⅱ类：主要适用于集中式生活饮用水地表水源地一级保护区、珍稀水生生物栖息地、鱼虾类产卵场、仔稚幼鱼的索饵场等。

Ⅲ类：主要适用于集中式生活饮用水地表水源地二级保护区、鱼虾类越冬场、洄游通道、水产养殖区等渔业水域及游泳区。

Ⅳ类：主要适用于一般工业用水区及人体非直接接触的娱乐用水区。

Ⅴ类：主要适用于农业用水区及一般景观要求水域。

表 3-1　地表水环境质量标准基本项目标准限值　单位：mg/L

序号	分类 / 标准值 / 项目		Ⅰ类	Ⅱ类	Ⅲ类	Ⅳ类	Ⅴ类
1	水温(℃)		人为造成的环境水温变化应限制在： 周平均最大温升≤1 周平均最大温降≤2				
2	pH (无量纲)		6～9				
3	溶解氧	≥	饱和率 90% (或 7.5)	6	5	3	2

续表

序号	分类 标准值 项目		Ⅰ类	Ⅱ类	Ⅲ类	Ⅳ类	Ⅴ类
4	高锰酸盐指数	≤	2	4	6	10	15
5	化学需氧量(COD)	≤	15	15	20	30	40
6	五日生化需氧量(BOD_5)	≤	3	3	4	6	10
7	氨氮(NH_3-N)	≤	0.15	0.5	1.0	1.5	2.0
8	总磷(以P计)	≤	0.02(湖、库0.01)	0.1(湖、库0.025)	0.2(湖、库0.05)	0.3(湖、库0.1)	0.4(湖、库0.2)
9	总氮(湖、库,以N计)	≤	0.2	0.5	1.0	1.5	2.0
10	铜	≤	0.01	1.0	1.0	1.0	1.0
11	锌	≤	0.05	1.0	1.0	2.0	2.0
12	氟化物(以F^-计)	≤	1.0	1.0	1.0	1.5	1.5
13	硒	≤	0.01	0.01	0.01	0.02	0.02
14	砷	≤	0.05	0.05	0.05	0.1	0.1
15	汞	≤	0.00005	0.00005	0.0001	0.001	0.001
16	镉	≤	0.001	0.005	0.005	0.005	0.01
17	铬(六价)	≤	0.01	0.05	0.05	0.05	0.1
18	铅	≤	0.01	0.01	0.05	0.05	0.1
19	氰化物	≤	0.005	0.05	0.02	0.2	0.2

续表

序号	分类 标准值 项目		Ⅰ类	Ⅱ类	Ⅲ类	Ⅳ类	Ⅴ类
20	挥发酚	≤	0.002	0.002	0.005	0.01	0.1
21	石油类	≤	0.05	0.05	0.05	0.5	1.0
22	阴离子表面活性剂	≤	0.2	0.2	0.2	0.3	0.3
23	硫化物	≤	0.05	0.1	0.2	0.5	1.0
24	粪大肠菌群(个/L)	≤	200	2000	10000	20000	40000

注:表格来自《中华人民共和国地表水环境质量标》(GB 3838－2002)

依据《中华人民共和国地表水环境质量标准》(GB3838－2002)来看,人工养殖大鲵用水必须达到Ⅲ类及以上标准。

二、水质

养殖大鲵必须要有优良的水质条件,这是养殖大鲵的决定性因素。水质的好坏直接关系到大鲵养殖效果,工厂化养殖要严格控制水质,防止变坏,养殖用水要符合《渔业水质标准》。《渔业水质标准》(GB 11607—1989)于 1989 年 8 月 12 日由国家环境保护局批准,1990 年 3 月 1 日开始实施,其目的是“防止和控制渔业水域水质污染,保证鱼、虾、贝、藻类正常生长、繁殖和水产品的质量”。对于渔业水质具体要求做到:

(1)能保护经济鱼类、养殖对象、饵料生物的正常生长、发育、繁殖,对主要生物无毒。

(2)不影响水产品品质,不能使渔业水域生产的水产品带有异色、异味和毒性,危害人体健康。

(3)不影响水体的自净能力。

(4)对积累性毒物从严要求。

表 3-2 渔业水质标准 **单位:mg/L**

序号	项目	标准值
1	色、臭、味	不得使鱼、虾、贝、藻类带有异色、异臭、异味
2	漂浮物质	水面不得出现明显油膜或浮沫
3	悬浮物质	人为增加的量不得超过10,而且悬浮物质沉积于底部后,不得对鱼、虾、贝类产生有害的影响
4	pH	淡水6.5～8.5,海水7.0～8.5
5	溶解氧	连续24 h中,16 h以上必须大于5,其余任何时候不得低于3,对于鲑科鱼类栖息水域冰封期其余任何时候不得低于4
6	生化需氧量(5 d,20 ℃)	不超过5,冰封期不超过3
7	总大肠菌群	不超过5 000个/L(贝类养殖水质不超过500个/L)
8	汞	≤0.0005
9	镉	≤0.005
10	铅	≤0.05
11	铬	≤0.1
12	铜	≤0.01
13	锌	≤0.1
14	镍	≤0.05
15	砷	≤0.05
16	氰化物	≤0.005

续表

序号	项目	标准值
17	硫化物	≤0.2
18	氟化物（以 F^- 计）	≤1
19	非离子氨	≤0.02
20	凯氏氮	≤0.05
21	挥发性酚	≤0.005
22	黄磷	≤0.001
23	石油类	≤0.05
24	丙烯腈	≤0.5
25	丙烯醛	≤0.02
26	六六六(丙体)	≤0.002
27	滴滴涕	≤0.001
28	马拉硫磷	≤0.005
29	五氯酚钠	≤0.01
30	乐果	≤0.1
31	甲胺磷	≤1
32	甲基对硫磷	≤0.0005
33	呋喃丹	≤0.01

第二节　水质及环境因子的调控

大鲵养殖的稳产、高产离不开养殖环境的调控，水质的好坏直接影响到大鲵的产量和质量。在大鲵养殖过程中，尤其要注意各环境因子对大鲵的影响，调整适合大鲵的生活环境，在养殖环境受到破坏的时候要及时调节环境因子至适宜大鲵生长的范围。

一、水温

（一）温度对大鲵生长的影响

在一定温度范围内，大鲵生长快慢与水温高低有关，根本的原因还是与摄食和营养有关。当然，水温影响着大鲵代谢活动的强弱、摄食量的大小，而大鲵生长快慢与摄食量多少是直接相关的，所以在生产实践中要特别注意水温的调节。

大鲵是变温动物，适宜生长的水温在 10～25 ℃之间。当水温为 10～25 ℃时，大鲵十分活跃，维持身体活动所需要的食物量急剧增加，机体代谢能力强，十分有利于大鲵的生长。其中，大鲵在 18～23 ℃时摄食量最大，机体代谢活动最强，生长速度最快；水温低于 10 ℃时，大鲵活动减弱，总是趴在水下不喜活动，食欲低下，维持机体活动所需要的食物量少，生长代谢缓慢，故生长速率低；在 25 ℃以上时，受温度影响，大鲵食欲减退，虽然机体的代谢活动没有减弱，但是身体代谢活动对食物的需要量不变，所以也比较缓慢生长。

温度的适当波动能加速大鲵的发育速度，如果温度的波动过分剧烈，就会危害大鲵的生命。稚鲵的抗逆性差，适应环境的能力不强，剧烈的温度波动容易引起稚鲵各种生理机能的紊乱，从而导致稚鲵的死亡。而成鲵的环境适应能力较强，但是也不要使一天的水温上下波动超过 3 ℃。

（二）温度对大鲵繁殖的影响

大鲵每年 7～9 月繁殖，这段时期的水温比较高。温度在大鲵繁殖中极为重要，繁殖时间的迟与早、繁殖的强度等与温度有直接的关系，大鲵产卵时受水温的影响也很显著。大鲵卵的孵化，在水温 14～18 ℃的范围内，经 33～45 d 孵化出苗；水温在 18～22 ℃的范围内，只需要 28 d 孵化出苗。

（三）温度的调节

在大鲵养殖过程中，不可避免地会遇到水温升高的现象。尤其是在夏季，有时候水温都会达到 30 ℃左右，此时就要采取一些措施来降低水体的温度，否则，长期生存在温度较高的水中，大鲵容易生病。在建造养殖场的时候要充分考虑防暑降温的事宜，要在养殖场上方建立遮挡设施，避免阳光直晒。室内养殖最常见的温度调节方式是安装电扇和空调。不仅如此，每天还要做好温度的检测，以便在温度过高时能及时换水，或者加注新水。而在冬季，很多养殖场为了不让大鲵在低温条件下冬眠，也会采取一些措施来提高温度。

二、pH

大鲵适宜的 pH 在 6.5～7.5 之间，最好在 7.0 以下。大鲵饲养池水呈弱碱性，一般在 7.3～7.4 之间波动。夏天池水 pH 稍低主要是由于溶解氧消耗大和有机酸增多的缘故，这有利于减少温度偏高引起的氨中毒。大鲵对碱性水十分敏感，长期生活在碱性条件下的大鲵非常容易生病，pH＞9 时可导致大鲵毁灭性的死亡，因此不可忽视大鲵饲养池水的 pH 的变化。

三、透明度

养殖水体的透明度是一种物理学指标，它是指光线透入水层的深度。其测定方法主要为目测法，即以一个直径为 20 cm、黑白相间的铁质圆盘沉入水中，至肉眼看不见圆盘时的垂直深度读数为该水体的透明度。大鲵养殖用水的透明度保持在 40 cm 以上为好。

四、溶解氧

稚鲵是靠外鳃在水中呼吸，生活离不开水体，而生活在水中的成鲵依靠肺呼吸和皮肤的辅助呼吸，所以养殖大鲵对水体溶解氧要求也很高。饲养大规格大鲵密度不能过大，这是因为大鲵在水中呼吸时，体重增加与呼吸量增加相适应。一般情况下，一个洞穴内容纳一尾大鲵。对大鲵来说，溶解氧大于 3.5 mg/L 为宜，所以在生产实践中要特别注意水体的溶解氧，要隔一段时间补充含氧高的水于池中。尤其是夏天，大鲵的生长代谢活动旺盛，水体的溶解氧不能满足大鲵的需求时，就要经常加注新水或者换水。

大鲵生活在溶解氧量低的养殖水体环境下，会增加大鲵的发病率，长期生活在溶解氧不足的水中的大鲵体质将下降，对疾病的抵抗力也下降，而且在低氧环境下，寄生虫也容易生长。大鲵的人工繁殖阶段，大鲵对水体溶解氧的要求也较高，尤其是在大鲵受精卵的孵化期，大鲵胚胎对溶解氧的要求极高，如果溶解氧不足会导致受精卵的异常，长时间处在溶解氧量低的水体中大鲵胚胎易出现畸形，甚至引起胚胎的死亡。所以在大鲵养殖过程中必须保证水体有足够的溶解氧。

水体中的溶解氧不仅对大鲵有着直接的影响，还对活体饵料的生长有重要的影响。大鲵是肉食性动物，投喂活体动物饵料的大鲵养殖池中一般都以鲫鱼、鲢鱼等鱼类为主，这就要求水体的溶解氧不仅仅能满足大鲵的生长，同时也要适合饵料的生存。同时，大鲵养殖水体的溶解氧对水中化学物质形态的存在也有影响。

五、总硬度和总碱度

总硬度是指水中二价及多价金属离子含量的总和，包括Ca^{2+}、Mg^{2+}、Fe^{2+}、Mn^{2+}、Fe^{3+}、Al^{3+}等，而影响天然水硬度的主要离子是Ca^{2+}和Mg^{2+}。大鲵的养殖用水要有一定的硬度来降低重金属离子和一价金属离子的毒性，使水体具有较好的缓冲性。总硬度过低也会导致细菌、病毒等病原体的入侵，致使大鲵生病。

总碱度是水体中与强酸发生中和作用的物质的总量，水中能结合质子的各种物质共同形成碱度，天然水体中主要以HCO_3^-、CO_3^{2-}、OH^-、$H_4BO_4^-$为主。自然水体的碱度受水中光合作用和呼吸作用的影响。大鲵害怕强光，养殖大鲵要求在黑暗条件下，所以大鲵养殖用水的碱度主要是受呼吸作用的影响。养殖用水要求有一定的碱度，以降低重金属的毒性，调节CO_2的产耗关系，稳定水的pH。但是碱度不宜过高，过高的碱度会对大鲵有毒害作用。

大鲵喜含Ca^{2+}丰富的水体，因此饲养大鲵的水体总硬度和总碱度应稍比饲养鱼的水体高，Ca^{2+} ∶ Mg^{2+}约3∶1为宜，这两种离子浓度适宜范围为100～2 000 mg/L。

六、氯化物、硫酸盐和硅酸盐

这三种盐在池中较稳定，主要受自来水的影响。池中的氯化物浓度稍比自来水中氯化物浓度(14.5±1.5 mg/L)高，这是由于大鲵排尿时带出的部分氯化物在池水中积累的缘故。氯化物浓度过高易与 NH_4^+ 形成有毒的氯气，因此氯化物浓度应以小于 1 000 mg/L 为妥。硫酸盐浓度大时，在缺氧和硫酸盐还原菌作用下易还原生成剧毒的硫化氢，所以硫酸盐含量不宜过高。池水中硅酸盐最稳定，与自来水中的含量相一致。

七、氨态氮和亚硝态氮

大鲵饲养池中的氨态氮和亚硝态氮显著高于自来水中的含量。这主要是由于大鲵食用蛋白质含量很高的动物性饵料。其消化后的排泄物中 NH_3、尿素成分含量较高，而室内池由于缺乏阳光，无浮游植物和藻类利用 NH_4^+，使得 NH_4^+ 在池中积累，且氨氮又不稳定，在 O_2 和硝化细菌的作用下转化成 NO_2^-。亚硝态氮在池水中不断积累，与池水停留时间成直线正相关。氨氮和亚硝态氮在池中达到一定浓度时易引起大鲵成批死亡。因此，通过换水降低氨态氮和亚硝态氮的浓度是改善大鲵饲养人工生态环境的关键。

八、余氯

如果余氯过高的话会对大鲵的眼睛、呼吸道和皮肤都有一定的刺激作用。自来水余氯在饲养池中经过大面积的曝气，在 3～5 d 内降至最低水平。经周年测定大鲵养殖池夏天余氯稍高，在每升水体中约含 0.32 mg。通常每升水体中含 0.05～0.5 mg 的余氯含量对于大鲵生长发育是无影响的。

九、光照

养殖大鲵还有一个重要的因素是光照，大鲵对光具有负趋光性。大鲵生性畏惧强光，但是光对大鲵繁殖功能有很复杂的影响，光通过脑和眼影响脑下垂体的机能，刺激其前叶分泌促性腺激素，从而使性腺生长发育。但是大鲵生活在无光带，性腺才会发育成熟。繁殖季节可以先让大鲵在弱光条件下生活一段时间，再转移至无光带。

大鲵对强光照极为排斥，强光照将导致大鲵不安、恐惧和厌食。因长期生活在阴暗环境条件下和遗传原因，大鲵的视觉成像能力较弱。大鲵仿生态繁殖场和人工繁殖车间的建立均需考虑大鲵负趋光性这一特点。仿生态繁殖场的建设须有人工洞穴、遮光庇荫树草，工厂化人工繁殖车间建设需室内弱光，避免强光照射。光照对大鲵的取食和发育等均有显著影响，较大强度的光照将使得大鲵食欲骤减，急躁不安。持续较长的强光照射会使大鲵体重明显下降，甚至死亡。

第四章　大鲵养殖场的建设

人工养殖大鲵的基础就是大鲵养殖场的建设,依据目前国内养殖大鲵的情况来看,可以分为三种养殖场:工厂化养殖场、仿生态养殖场、原生态养殖场。养殖者应根据当地的具体环境选择建设哪种养殖场,并且从大鲵养殖场的选址到养殖场设施的建设,都应该符合大鲵的生物学特性,营造出适宜大鲵生长的环境,才能实现人工养殖大鲵的高产、高效。

第一节　大鲵养殖场址的选择

人工养殖大鲵,首要的就是场址的选择。大鲵养殖场的场址选择,应考虑大鲵的生物学特性,以及水源、电源、饵料来源、水温、水量、水质、土质、交通、当地的民情风俗与社会治安情况等综合因素。

大鲵养殖场的选择应该坚持如下七个原则。

一、水源充足

大鲵养殖场应该建在水源充足的地方,大鲵养殖场的水源有地下水,大型水库,无污染的江河、山溪的溪流和泉水。大鲵最理想的水源是石灰岩地区的阴河水、泉水。其特点是透明度高、矿化程度高、硬度大。其次,养殖用水能做到排灌自如。

二、水质良好

水的质量是决定大鲵养殖场建场的基本因素,大鲵养殖用水必须符合《渔业水质标准》,详见第三章。

三、保证大鲵生长、繁殖环境的安静

养殖大鲵最好在大鲵原产地选择适宜环境建场。人工养殖大鲵的养殖场要尽可能选在环境安静、不受干扰、生态协调的地方。山区建大鲵养殖场，最好选择在四周群山环绕，树木茂盛，人烟稀少，环境相对独立、安静、阴凉的地方，并做适当遮掩。有的农户利用天然岩洞，或者在有水源的地方人工开凿隧洞养殖，既能保持恒温、避光、安静，又能防逃、防盗，养殖效果很好。

四、交通方便

养殖场应该建立在交通便利的地方，有利于饵料和商品鲵的运输。但是要注意防噪声，大鲵生性喜静怕吵，不要把养殖场建立在路边，在车辆进出养殖基地的时候也要避免鸣喇叭。

五、饵料来源方便

大鲵养殖要注意饵料的供给，不同生长阶段其饵料的种类不同。养殖场周围必须要有丰富的饵料资源，或者是在养殖基地建造一个饵料培育池，用来饲喂大鲵。

六、供电有保障

养殖大鲵，特别是工厂化大鲵养殖，一定要有充足的电源，以便在室内养殖能保持适宜的气温。

七、建立安全的生产秩序

建立安全的生产秩序，以确保生产人员生命财产的安全和进行正常生产的安全。山区夏季容易突发洪水，建场选址时还应做好防冲毁、防逃逸工作。大鲵逃跑能力特强，其在陆上或水中运动较为敏捷，并能爬高顶重，稍有不慎便会逃逸，必须时刻注意防逃，尤其在下暴雨时要注意。养殖池和整个养殖场所有进出水口和陆上通道口都要装防逃设施。大鲵经济价值较高，在养殖过程中要时刻注意防止不法分子的偷盗。

在这七个原则下，根据生产方式和生产规模以及经济实力，结合今后的发展规模进行实地考察和勘测。经过综合比较各方面的因素后，才能择优确定大鲵养殖场场址及其总体规划、布局的建设方案。

第二节　大鲵养殖池建造

大鲵养殖池建造要根据大鲵生态学要求，即大鲵对生态环境要求及养殖方式来确定。一个规范化的大鲵养殖场要建造各类养殖池、注排水工程、养殖机械系统、生产区、生活区等。

在各种类型池中，养殖池是主体，其面积要占总水面的95%。按我国现阶段的养殖技术水平及大鲵资源条件，大鲵各类养殖池的面积及配套设施如下：亲鲵池300 m^2，稚鲵池200 m^2，幼鲵池300 m^2，成鲵池150 m^2，孵化池30 m^2，隔离池20 m^2，饲料配制房15 m^2。

一、大鲵工厂化养殖池的设计与建造

根据大鲵独特的生态习性，在养殖池设计时要考虑适于大

鲵生活习性和生长发育的生态环境,如于振海等所绘的图,即图 4-1 所示。

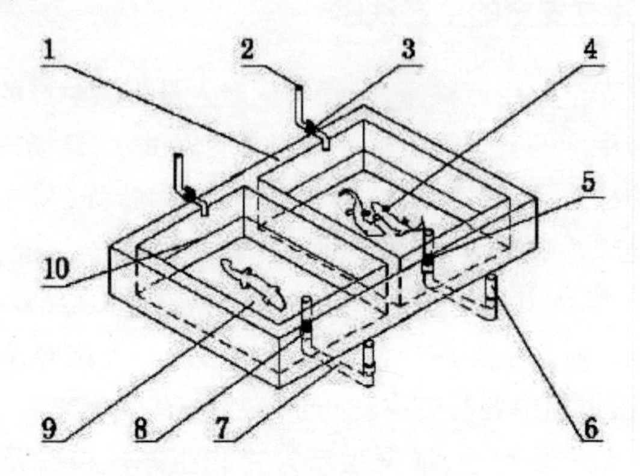

图 4-1 大鲵养殖试验池示意图

1.池壁;2.进水管;3.阀门;4.大鲵;5.插拔花管;6 水位;7.排污管;8.排污口;9.池底;10.池水位

(一)养殖池结构

大鲵养殖池分为两种,一种为露天养殖池,一种为人防工程及地下室养殖池。其结构为砖、水泥、石头、混凝土结构。具体结构要求如下。

1.池壁结构

大鲵养殖池池壁要求是:(1)截止水,使之不漏水;(2)安全牢固,能承受池壁四周土的压力及池水中的压力,池壁不沉陷;(3)要有防逃设施;(4)价格实惠。

大鲵养殖池池壁一般用方块石头、砖或混凝土砌成,水泥嵌缝,池壁要用水泥浆抹平滑或贴瓷砖。

池壁顶端要向池内伸出 10 cm,以防大鲵逃跑。

2.池底结构

大鲵养殖池池底一般先用石块夯实,厚度 20～30 cm,再用小石碴填空，最后用混凝土铺平。为了便于排水，池底由四周向中央倾斜，倾斜度为2%左右。再由中心向一边角的排水口倾斜，倾斜度为1%～1.5%。

3.进水口

进水口位置依据进水道，与排水口相对设在池角。进水口要高于池壁，最好高于池中水面60 cm，并且向池内伸出20 cm，进水口可用水泥管或混凝土方渠，也可用铸铁管、塑料管。无论进水口用什么材料，均必须安装控制设施及过滤网。控制设施采用直通截止阀，阀及管径大小可根据各类养殖池日需要水量和进水压力而定。幼体池可选用100～300 mm，成体池可选用300～500 mm。进水口过滤网材料要选用不锈钢，网目亦要根据养殖池大小而定。

4.出水口

养殖池结构不同，出水口位置也不同。为了防止大鲵逃走，在池内出水口处要安装网栅挡鲵设施。常用网栅有不锈钢网和用不锈钢条编的帘箔，经济的方法是选用聚乙烯网，尼龙筛绢敷在木框上。为了保持养殖池水位恒定和保证池水能够及时排出，在鲵池外侧要安装启闭闸和溢流口。出水时打开启闭闸，池水就从池底通过网栅流出，水位和换水量通过启闭闸随时控制。溢流口的作用是控制养殖池的最高水位。由于降雨或注水多使水位超过控制线时，水自动从溢流口流出。

（二）仿生态养殖池

1.池体

一般池体形状为S形、L形、一字形、梯形等，池口处应设“T”字形池边防逃，用双层遮阴网覆盖遮光。全场总体布局采用单排池并列组合，多排池按地形分级排列。

2.洞穴

有双洞穴和单洞穴之分，洞穴覆盖面积占总水面2/3。穴内坡 2.5%～3.5%。洞穴内高度以人体蹲姿能清扫穴内卫生为宜，洞穴底壁应光滑，防止鲵体擦伤，洞穴上方设置覆盖一些植物遮阴。

3.光照

穴内照度应在 300 lx 以下，保持黑暗为佳，洞穴内可满足大鲵夜行、喜在弱光带生活的习性，增加成鲵活动觅食时间。

4.流水

高水位多管道单池进水；插溢管返水控位溢流，拔溢管通暗渠底排污。池水日交换频率 12～14 次，常年有哗哗流水声刺激为宜。

5.水深

池水深度一般为池高 1/3 左右为宜，池水太浅大鲵活动不方便，池水太深容易导致大鲵逃逸。春、夏、秋三季，深度标准按池养大鲵的体高而定，但是夏季高温时可以适当增加池水深度以调节水温；冬季水深以覆盖大鲵的全身为宜。还可利用穴内池底之坡度造成水深的不同而使大鲵在栖居中时进行自由选择。

(三)原生态养殖池

原生态养殖是指截取大鲵产地的一段自然河道或溪流，在自然条件下养殖大鲵的一种养殖方式。

1.池体

生态养殖池的形状随着河流或溪流的形状而变化。

2.池穴

生态养殖池要为大鲵建造洞穴等栖息的场地。人工建造的穴洞呈弧形，洞口向池，使大鲵能自由到池中摄食。洞穴长 0.5～1.5 m，宽 0.8～1.0 m，高 0.2～0.5 m，前低后高。穴洞内墙用大卵石砌成，穴壁光滑，穴底可以铺一层细沙，穴洞上方用水泥制板或当地石板盖上，覆土 50～80 cm，隔热保暖。在覆土上面种植水草遮阴，穴洞上方安装透气管。

3.光照

穴洞里面光照控制在 50～200 lx，池中在 1 500～2 500 lx 为宜，因为池中光照超过 3 000 lx 时一定要用遮阴网遮盖。池中光照超过 3 000 lx 时会影响水中生物链衍化，使大鲵无法摄入性腺发育成熟所需的自然蛋白。

4.水流

生态养殖池的水流是直接引入大鲵产地的水，要注意保持微流水状态。

5.水深

水深按照养殖大鲵的规格而定，在夏季温度较高的季节建议增加水的深度。

二、不同规格大鲵养殖池的建造

（一）稚鲵池

稚鲵养殖是大鲵养殖的重要阶段。刚出膜的稚鲵没有变态，身体娇嫩、抗逆力差，适应环境能力弱。大鲵的繁殖季节在 7～9 月，稚鲵孵化出来后会经历秋冬的低温季节，低温不利于大鲵的变态，所以稚鲵池要造在室内、地下室内或人防工程内。通过控温精心培育，把温度控制在 18～23 ℃，使之顺利完成变态。

室内稚鲵池建造要求是：从进水口到出水口应有较缓的坡度，而出水口要比池再低 5.0～8.5 cm，以便排水、排污。出水口应有不锈钢网栅防逃。出水口管径约 10 cm，出水口管道要安装阀门，以便控制出水流量。一般以水泥结构的水池为好，面积以 1～2 m^2 为宜，水深 20～30 cm。由于苗种阶段稚鲵皮

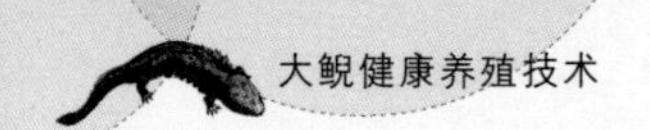

肤比较娇嫩，要求池底和池壁都贴上瓷砖，减少稚鲵与粗糙池面的摩擦而受损伤的情况。养殖池使用前一周彻底消毒。

（二）幼鲵池

幼鲵是稚鲵从蝌蚪期经过变态发育而成。幼鲵对环境适应能力增强，同时对生态环境产生了特殊要求。幼鲵摄食行为、方式与稚鲵有了根本性改变。因此，幼鲵池建造亦要相应改变。室内幼鲵池面积根据养殖规模、养殖方式、养殖技术水平等因素而定，一般为 10～80 m^2。幼鲵池池高50 cm，水深 20～30 cm。池壁四周顶部要向池内伸出 10 cm，以免幼鲵逃走。池底进水口与出水口的坡度为 1%，出水口的设置和稚鲵相同，池底要安装供幼鲵栖息的装置。其装置为人工预制弧洞或石头筑成的穴洞，占幼鲵池池面的 1/2～2/3。弧洞或洞穴大小视幼体个体大小和幼体不同生长阶段而定。

（三）成鲵池

成鲵池是大鲵养殖的重要环境条件。成鲵阶段是大鲵商品化养殖阶段的关键时期，此阶段大鲵抗逆性增强，适应能力增加，同时潜逃和同类弱肉强食现象也达到高峰。因此，成鲵池要求根据这一阶段的生理特点，建造五个以上，以便按个体的大小，分开养殖。

根据各地实际情况，成鲵池可建在室内或人防工程内，也可建在室外。建池要求同幼鲵一样，池中设施亦相同。面积可达 100～2 000 m^2，池内人工弧洞或洞穴面积占成鲵池面积的 2/3。弧度或洞穴大小视成鲵个体大小而定。室外建池，除了室内成鲵池要求和设施外，必须要安装遮阴设施。各地可根据实际情况安装遮阴物，要求池顶部、四周全部要有遮阴物。

(四)亲鲵池

亲鲵池是亲体培育的重要场所,亲鲵培育效果涉及繁殖率高低。故亲鲵池建造要求独特。亲鲵放养密度小,其性腺必须在光线阴暗的环境下才能发育成熟。因此,亲鲵池均要求建在室内或人防工程内。

亲鲵池基本建造及设施与成鲵相同,只是在亲鲵池中要增加两个设备。一是滴水设备,其材料要选塑料管,滴水设备主要作用是创造亲体发育所需要的泉水"哗哗"响声;二是冲水设备,天然大鲵是在流水中性腺发育才能成熟。因此,人工养殖大鲵亲体时需要冲水,以刺激性腺发育成熟,有利于提高大鲵人工繁殖率。

此外,还要建设隔离池和暂养池。

三、其他基础设施建设

大鲵养殖场的建设除了各种养殖池,还应包括注排水工程、养殖机械系统和生产区、生活区。

(一)注排水工程

大鲵养殖池要不定期进行注水和排水。因此,必须有完整的注排水系统设施。在注排水工程中,因功效不同,又分为注水和排水两个系统。注水工程一般有水泵、净水设施、输水管等。每个养殖池也要有注排水开关。

(二)养殖机械系统

大鲵养殖场的养殖机械有:增氧机、饲料加工机械、水泵、电动机、直冷式空调机组。

(三)生产区、生活区

办公室、宿舍、实验室、冷库、仓库、工具室、车库等。

第五章　大鲵的饵料

大鲵属于肉食动物，位于生态位的食物链顶端，常常以水体中其他动物为食。大鲵的饵料种类繁多，以动物性活饵料为主，幼鲵以食小型无脊椎动物为主，如红虫、水蚤、昆虫幼虫等；成鲵则以食鱼虾、蛙类、软体动物等为主。

摄食种类与不同地区食物种类结构有关，也与生长阶段和环境中食物组成变化有关。大鲵在食物不充足的情况下，代谢率低，耐饥能力强，进食一次后可一个多月不进食。在冬天，大鲵进入冬眠后活动减少，也不摄食，直到冬眠期结束。

大鲵的摄食采取囫囵吞食的方式，先对食物的适口性进行对比，然后张开嘴，迅速把饵料咬住，大鲵不会咀嚼食物，而是咬住食物片刻后吞入体内。有些学者认为，大鲵有“反吐”行为，即大鲵先抓捕、后吞食，吞食以后对于在胃中消化不了的食物，如蟹类整爪和硬壳，则从胃中经口“反吐”排出体外。

自然条件下，大鲵的摄食具有季节性，温度适宜的季节才会进食，一般在4～10月摄食，冬季由于大鲵冬眠而停止进食。人工养殖条件下则没有摄食的季节性，只要调节温度到适宜的范围，大鲵都会进食。

大鲵饵料中应该含有大量的蛋白质，必需氨基酸齐全。大鲵饵料的选择原则如下：

(1)饵料含有的营养素能够满足大鲵生命活动所需的热能，提供大鲵机体组织细胞生长发育与修补的材料，并维持机体的正常生理功能。

(2)饵料应易于大鲵消化吸收，并能促进食欲和生长。

(3)选择健康无毒的饵料，饵料中不应含有对大鲵生长发育有害的物质，以及能在大鲵体内积累的对人类健康有害的物质。

(4)大鲵的饵料应该选择运动能力较弱的种类,易于大鲵摄食,特别是稚鲵阶段,大鲵身体较弱,游泳能力较差,更应选择运动能力差的饵料。

(5)饵料的大小应适口。大鲵在摄食的时候会先对食物的适口性进行对比,所以,选择饵料一定要符合大鲵的适口性,不宜饲喂太大的饵料,太大的饵料大鲵即使咬住也无法吞下。

(6)不同的生长阶段大鲵饵料的种类不同。根据各生长阶段所需的营养,合理地选择饵料搭配,不应饲喂单一的饵料。

(7)饵料来源方便,养殖场周围饵料资源丰富,或者在养殖场建立饵料培育池,以供大鲵摄食。

野生大鲵的饵料一般来自其栖息地水域,以天然饵料为主。而人工饲养的大鲵饵料包括天然饵料和人工配合饲料。大鲵生长发育过程中要经历稚鲵、幼鲵、成鲵三个阶段,不同阶段营养需求、饵料种类都不同。

第一节　大鲵的食性

一、稚鲵的食性

大鲵出膜至变态发育完成之前的那段时期称为稚鲵期。根据稚鲵期的发育与生理机能的变化,一般可将幼体期分为四个生长阶段:卵黄囊营养期、开口摄食期、自由生长期和变态期。

稚鲵的食物依据其生长阶段的不同而有差异,养殖技术人员应该按照各阶段的要求投喂饵料,以免造成污染和浪费。

卵黄囊营养期的稚鲵刚刚孵化出来,还没有出膜,这个时期的大鲵形态和蝌蚪相似,也可以叫作蝌蚪苗,主要是利用卵黄囊的营养,不需要投喂饵料。卵黄囊营养期持续时间大概 1 个月。

1个月之后，稚鲵进入开口摄食期。一般开口之后的稚鲵以肉食性饵料为主，饵料主要是由水生昆虫、水蚤、红虫类等开口饵料构成。饵料体积小，蛋白质含量较高，营养较为全面，能满足稚鲵生长发育的需要，开口摄食期一般持续3个月左右。

之后稚鲵进入自由生长期。在自由生长期的稚鲵具备单独生存能力，摄食趋于正常，生理及消化吸收系统发育完善，可以开始摄食小鱼虾等活体动物性饵料，也可以驯化稚鲵摄食人工配合饲料。投喂人工配合饲料是为了均衡稚鲵阶段所需的营养，自由生长期持续5～6个月时间。

稚鲵出膜270 d左右，外鳃开始萎缩，稚鲵进入变态期。变态期是大鲵整个生长发育中一个极其重要的阶段，必须保证变态期稚鲵的营养需求。变态期稚鲵主要摄食活体动物性饵料，稚鲵的摄食种类因所生活区域和食物结构不同有所变化。但主要可分为如下几大种类：枝角类，如蚤状蚤、隆线蚤等；水栖寡毛类，如红虫、尾鳃蚓等；水生昆虫幼虫，如摇蚊幼虫等；鱼虾类，如泥鳅、鲫鱼、对虾、山螃蟹等；人工配合饲料等。

稚鲵的摄食能力和消化能力随着稚鲵个体的增长而增加。个体较小的稚鲵只能摄食枝角类等体积较小的食物，虽然能很好地消化，但是无法摄食体积大的食物。随着个体逐渐增大，稚鲵能很好地摄食红虫，其消化亦良好，食物的营养也比较全面。待稚鲵生长到50g左右时，则可摄食幼小的泥鳅、小鱼虾。

二、幼鲵的食性

稚鲵变态完成之后成为幼鲵，用肺呼吸，体形和成鲵一样。幼鲵的食性也是以活体动物性饵料为主，投喂适口的小鱼虾即可。为了加快幼鲵的生长速度，也可以训练幼鲵摄食人工配合饲料。

三、成鲵食性

大鲵是肉食性动物，其天然饵料资源十分丰富，主要为鱼、虾、蛙、贝、泥鳅等水生动物。大鲵也是可以摄食猪肉、羊肉和动物胚胎的。不同地区可根据当地饲料资源情况而决定投饵品种，也可以在大鲵养殖基地周边建立专门的饵料池。另外有研究表明，人工配合饲料饲养大鲵成体时其生长速度比动物饵料饲养快37.5%。大鲵人工配合饲料可以更好地解决人工养殖过程中营养不均衡的问题。养殖场给成鲵饲喂人工配合饲料能较快获得经济利益。

人工配合饲料应该含有大鲵生长发育所需的全部营养，包括蛋白质、糖类、脂肪、维生素、矿物质等。但是目前国内的大鲵养殖基地，人工配合饲料并未获得广泛的推广，很多地方仍然以饲喂活体饵料为主。

第二节　饵料培育

生物饵料的特征：环境适应性和抗逆性强、培养的食物来源广、生活史短、生殖能力强、可高密度培养、营养全面。

一、开口饵料培育

稚鲵主要摄食红虫。红虫，又叫丝蚯蚓或水蚯蚓，常栖息于沟渠河岸淤泥浅水处。红虫营养丰富，干品含粗蛋白62%，多种必需氨基酸含量达35%，且适口性好，对提高幼鲵诱食效果、生长率和成活率都具有重要作用，是稚鲵的理想饵料。

(一)培养田的选择和耕耘

选择水源充足,排灌方便,土壤肥沃,pH 在 6.5 以上,质地疏松的田块做培养田为佳。

在田块周围筑高 30 cm 的田埂,留宽 45 cm 的沟,将田翻耕耙平,把稻草、杂草深埋使其腐烂,而后在表面施腐熟禽兽粪 3～40 kg/m^2,使水保持 5～10 cm 深,将表层土壤溶成淤泥。

(二)引种与接种

红虫对环境的适应能力比较强,一般在温度为 10～25 ℃时就可以引种入池,红虫的种源地包括排水沟,港湾码头,畜禽饲养场的废水坑,以及排放废物的污水沟,可以就近采种,采种时可以连同污泥、废渣一起运回,其中也含有大量红虫种。

接种时把采回的红虫种均匀撒在红虫的培养田上面就可以了。

(三)投饵

红虫特别爱吃具有甜味的粮食类饲料,畜禽肥料、生活污水、农副产品加工后的废弃物也是红虫的优质饲料,所投的饲料应经过充分腐熟、发酵才可以投喂。在红虫生长旺季,饲料以精料为主,如麸皮、次粉、玉米粉等,其余时期采取牛粪、猪粪等肥料作为饲料。

(四)采收

红虫的繁殖能力极强,孵出的幼体生长 20 多天就可以产卵繁殖,接种 30 d 后便进入繁殖高峰期,不过红虫的寿命一般只有 80 d 左右。在采收头天晚上断水或减少流量,造成红虫培育池缺氧,第二天早上就可以捞取水中的红虫团,每次红虫的采收量以捞光红虫团为准。

(五)红虫消毒

由于红虫含有较多污物及致病菌，养殖场投喂红虫前都必须通过暂养漂洗使污物排尽，还必须在投喂之前用合理的方法进行消毒，以避免发生病害。可用 10 mg/L 高锰酸钾溶液消毒 10 min，或用 2 mg/L 碘消毒剂消毒 30 min，也可用二氧化氯等含氯消毒剂消毒。

二、饵料鱼培育

(一)配备饵料鱼

饵料鱼培育池应为大鲵养殖池总面积的 2 倍。放养白鲢、团头鲂、鳙等便宜的品种，先分批放入团头鲂、蟹、鳙、草鱼等鱼苗，放养密度为 300 万～450 万尾每公顷。以肥水发塘，并每天泼洒豆浆。当饵料鱼规格长至 1.5 cm 左右时，正好为大鲵幼苗 1～2 龄的适口饵料。成鲵的饵料夏花鱼苗 5 cm 为好，其他池养的夏花品种按常规放养投放。然后以分期拉网、少量多次为原则，将适口规格的鱼种筛出投喂给大鲵。一般每半月拉网 1 次，每次 10～20 kg 为宜，具体根据鱼池的饵料数量和养殖大鲵的摄食量来定。10 月上旬后不再拉网，最后一次可多捕出一些，保证大鲵饲养后期有充足饵料，又使饵料池中的鱼种后期生长良好。

(二)培育小规格的家鱼鱼种

有计划地在 1 龄家鱼鱼种培育池中适当加大放养密度，在不同时期分批留大捕小取出一定数量的小规格鱼种投喂给大鲵。

(三)利用野杂鱼

一般在饵料鱼培育池中,野杂鱼也可作为大鲵的饵料来利用。野杂鱼个体比较小,大鲵容易适口,但是在投喂前要严格消毒。

(四)培育适口饵料

大鲵性贪食,不同规格的大鲵所需饵料鱼的大小不同,只要是适口的鱼类都能作为饵料鱼,四大家鱼、鲤鱼、鲫鱼等常见鱼类都能作为饵料投喂。无论是养殖场还是养殖户,都可以自行培育适口饵料。

(五)饵料鱼消毒

饵料鱼在放入大鲵池前先要在暂养池中饲养 1 周,进行检查,看是否有寄生虫或其他疾病。投喂前对饵料鱼进行预处理,将饵料鱼集中于网箱后用 5‰食盐水消毒,杀死一部分病菌,使寄生在鱼体表面和鳃部的寄生虫脱落,15～20 min 后放入大鲵池中。用 5‰高锰酸钾溶液泼洒消毒时,需仔细观察饵料鱼对高锰酸钾溶液的反应,如出现异常,要立即将饵料鱼转移到无药区,以免造成损失。饵料鱼经过预处理,可避免或减少直接对大鲵和大鲵池的用药。

三、人工配合饲料

目前关于中国大鲵人工配合饲料的研究还比较少,市面上也没有专门的大鲵人工配合饲料。最早进行中国大鲵人工配合饲料研究的是金立成,他采用配合饲料和动物饵料进行对比试验研究。试验的饲养管理按常规方法,其饲料配方成分见表

5-1。经过3年反复试验,发现人工配合饲料与动物饵料养殖大鲵有较大差异。人工配合饲料养殖大鲵幼体和成体,其生长速度比动物饵料养殖大鲵快33.3%和37.5%。人工配合饲料饲养幼体的饲料系数为3.2,成体的饲料系数为2.8;而动物饵料饲养幼体的饲料系数为5.3,成体的饲料系数为4.8。此外,试验研究还发现,饲料蛋白质含量高于50%或低于40%均会影响大鲵的生长发育。另外,在饲料中添加1%的花粉,大鲵的生长速度要比没有添加花粉的快5%~8%。

表5-1 大鲵人工配合饲料配方

成分	含量	成分	含量	成分	含量
鱼粉	50%~60%	花粉	1%	色氨酸	18 g
α一淀粉	12%	混合维生素	1.5%	精氨酸	16 g
豆饼	8%	抗生素	0.5%	除虫剂	微量
麦麸	4%	生长素	0.05%	矿物质	1.5%
蚕蛹渣	5%	柠檬酸	0.5%	中草药	1%
骨粉	1%	蛋氨酸	18 g		

注:资料来源于金立成(1994)。

第六章　大鲵的繁殖

我国人工养殖大鲵的历史将近半个世纪，在这近半个世纪的养殖实践摸索中，科研工作者和养殖人员总结出了一些大鲵人工繁殖的方法。然而，由于不同地区的养殖环境不同，同一套人工繁殖技术并不能适用于所有地区，养殖者不能照本宣科，应当根据实际情况做出相应的改变。

虽然大鲵的人工繁殖取得了成功，但是在生产实践中，由于人工繁殖技术不成熟，大鲵雌雄性腺发育不同步、性腺发育成熟率低、精子活力差等原因，导致催产率、受精率和孵化率低下，大鲵的人工繁殖并未取得令人满意的效果。

每年 7～9 月为人工繁殖季节，8～11 月为自然繁殖季节。雌鲵每尾产卵 300 枚以上，体外受精。雄鲵具有护卵行为，孵化期需要 30～40 d，1 年繁殖 1 次。自然条件下，一般 4 龄时达到性成熟；在人工养殖条件下，雌鲵 4～5 龄达到性成熟。当大鲵性成熟时，挤压雄鲵腹部能排出乳白色精液，滴入水中即可散去，雌鲵可产出念珠状长链形的带状卵，繁殖时体外受精。孵化繁殖的适宜水温为 18～22 ℃。大鲵的自然性比约为 1∶1，生殖方式属卵生，8～9 月为生殖旺季。

第一节　亲鲵培育

大鲵亲体的培育是大鲵人工繁殖成功与否的重要环节，尤其是雌、雄亲鲵的同步化培育，直接影响繁殖结果。在相同养殖条件下，雌、雄大鲵的性腺成熟时间略有差异。雌鲵性腺在 7～8 月上中旬即已成熟，而雄鲵性腺则在 8 月上中旬达到成熟高峰。在南方，普遍采用人工生态调节法和定期注射外源性

激素催熟的生理调节方法，进行雌、雄亲鲵同步化发育培育。产前亲鲵培育温度不超过 20 ℃，一般在繁殖前 60 d 即将水温提升到 16 ℃以上。而雌亲鲵培育水温较雄亲鲵可以在延迟 15～20 d后再提升到 16 ℃以上。

一、春季培育

每年 2 月下旬至 5 月是春季培育阶段，大鲵性腺大部分处于Ⅲ期。在这一阶段水温逐步上升，大鲵经过冬眠后非常饥饿，摄食量会逐步增加，新陈代谢加快。此时是大鲵亲体生长和性腺发育的重要阶段，需投喂营养丰富的饵料，以鲜活饵料为主，同时开始采用流水刺激性腺发育，每天冲水 1 次，每次冲水 20 min。

二、产前培育(夏季培育)

每年 5～7 月为产前培育阶段，产前培育又称夏季培育。此时期大鲵性腺发育至Ⅳ期。这一阶段由于水温上升快(一般在 18～22 ℃)，因此大鲵亲体性腺的发育速度加快，性腺成熟系数增大。投喂饵料仍以鲜活饵料为主，每 3～5 d 投喂 1 次。由于水温高，大鲵亲体活动量增大，代谢废物增多，水质易恶化，加大水流量并增强水流声，为加速性腺发育提供必要的物质和环境条件。

产前必须保证和满足大鲵营养的多样性。此阶段每天按大鲵体重 3%的比例投放一定数量鲫鱼或其他野杂鱼，继续强化投喂促性腺发育的药剂。为了保持池内干净清洁，每天及时清除漂浮于水面的残饵、死鱼等，全天 24 h 保持池内呈微流水状态。若遇大雨，可关闭进水，避免泥水进入产卵池，严防亲鲵逃逸。

7 月中旬至 9 月中旬应进行产前的饲养管理，大鲵产卵期处于Ⅴ期。水温通常较高，在 20 ℃左右，每天清晨或午夜常常可见大鲵爬出洞穴在池周边频繁活动，这种现象应视为产前的一种前兆。此阶段要保证充足的营养，临近催产时停止投喂生精剂和促卵巢发育的药剂，做好催产的准备。

三、秋季培育

每年 9～11 月为秋季培育时期，大鲵性腺产后迅速退化到Ⅵ期。这一时期水温一般在 16～18 ℃，正是大鲵最佳生长阶段。亲鲵产后体质虚弱，需要补充大量营养，促进体力恢复，主要以投喂高蛋白、高脂肪的动物性饵料为主，让亲鲵积累脂肪为越冬打好基础，使其产后迅速恢复健康，加速精巢、卵巢退化至Ⅱ期，为翌年性腺发育打下良好基础。

四、冬季培育

每年 12 月至翌年 2 月为冬季培育时期，此时期大鲵性腺停止发育，进入冬眠期，此阶段培育主要是水温调控和投饵。在 11 月下旬后将水温降至 0～10 ℃之间，让其冬眠，加速精巢和卵巢的退化，当水温降至 5 ℃以下时亲鲵完全停止进食和活动，进入冬季休眠，此时水位应适当加深保暖防冻，避免结冰等低温灾害。冬季投饵，主要以人工配合饲料为主，要丰富营养配比，在人工配合饲料中添加 2％的赖氨酸和 1％多种维生素，也可以投放一些鱼类供大鲵自由摄食。

第二节 大鲵人工繁殖技术

一、繁殖行为

在人工养殖条件下发现，大鲵尤其是雄性大鲵在繁殖季节表现出多种繁殖行为，大鲵的繁殖行为主要表现在以下四个方面。

（一）推沙行为

在大鲵进入繁殖前，可以普遍观察到一种特殊的推沙行为。所谓推沙行为就是指在雄性大鲵所栖居的洞穴口可以见到水质浑浊、紧靠洞口处的人工溪流底部沙子慢慢增多的现象。推沙行为最早始于 5 月上旬，一般多始于 6 月中旬，一直持续到 8 月下旬，其中以 7 月下旬至 8 月上旬最为多见。在一天之中，推沙行为主要在前半夜进行，但在 7 月下旬至 8 月上旬期间，白昼也经常可以见到此行为。大鲵推沙是为了保证洞穴中处于正常的微流水状态，水质清新，这样可以保证卵在水中不易发霉变质。正常的孵化随着大鲵成长，每年都需要推沙改造洞穴底部，不同大小的大鲵改造的深度不一样，基本原则是溪流内水放干后雄性大鲵的背部能够浸没在洞穴的水中。大鲵推沙的行为和大鲵的繁殖之间有密切的联系。如果某个洞中的大鲵有推沙现象，则这个洞穴中的大鲵很大可能会产卵繁殖。因此在仿生态养殖过程中，通过观察大鲵的推沙行为，可以帮助推测繁殖的时间，以及哪些洞穴的大鲵将要繁殖产卵，这样养殖者就能做到有的放矢，做好繁殖期间的管理工作。

（二）求偶行为

在调查期间，观察到大鲵在产卵前具有一系列选择配偶的行为。雌、雄大鲵头并头、肩并肩地紧靠在一起，在人工溪流内缓慢爬行，或者趴在溪流底部不动。在人工小溪流中，雌、雄大鲵嘴相互咬在一起，经细心观察，该行为绝对不是大鲵在相互争斗。该行为持续时间一般来说不是太长，短的持续 1～2 min，长的能够持续 10 min。此外，在养殖场还观察到，在溪流洞内的大鲵咬着洞外大鲵的嘴向洞内拖，洞外的这尾大鲵尾部不停地左右摆动，将人工溪流内的水打起 20～30 cm 高。在洞穴的颈部，一尾大鲵趴在另一尾大鲵的背上，将头的前半部伸出洞口一动不动。在此现象中，位于上面的大鲵个体一般较小，为雄性；位于下面的大鲵个体一般较大。

(三) 冲凉行为

调查发现，在每年 6～8 月的夜间，大鲵有冲凉的行为。9 月(受精卵孵化期间)偶尔也可以见到此现象。所谓冲凉行为是指大鲵爬到引水管的出水口部位，然后让流水不断地冲洗自己的头部。冲凉行为大约从晚上 9:00 以后开始，一般到晚上 10:00 左右结束，之后就回到自己的洞穴中。具有冲凉行为的大鲵以雄性居多，有些雌性大鲵也有此现象。同时观察到冲凉现象与天气也有密切联系，在下雨前夕大鲵冲凉行为更为普遍。

(四) 交配行为

自然繁殖季节或者是人工繁殖注射催产剂后 4～5 d 的效应期，雌、雄大鲵间经过重复性亲吻、顶腹、嬉戏、交尾和规律性的间歇休息，完成了雌雄体贴、自然交尾、产卵、受精的全过程(见图 6-1)，连续产出了成堆的念珠状卵带。

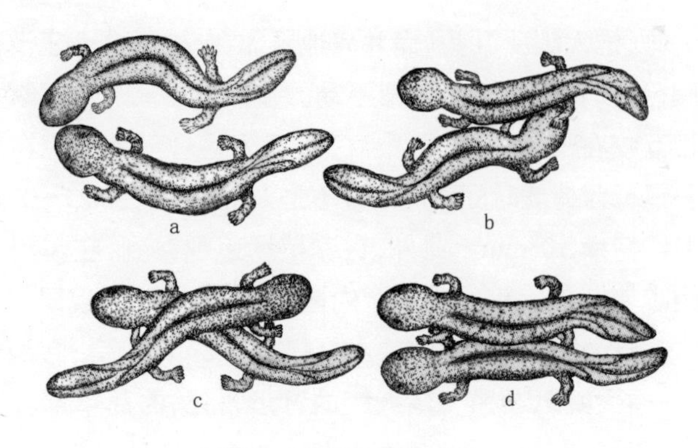

图 6-1 大鲵的交配行为

a.亲吻　　b.顶腹　　c.嬉戏　　d.交尾

(五)护卵行为

通过调查统计,大鲵产卵时间主要集中在 8 月下旬到 9 月中旬。同时观察到大鲵通常将卵产在洞穴中。产卵后,雌性大鲵会离开产卵洞穴,孵化工作由雄性大鲵担任。在孵化期的前 15 d 左右,雄性大鲵一般不出洞活动。雄性大鲵在孵化期间特别凶猛,一旦有其他大鲵想进入孵化洞穴,它会很凶猛地将其赶走,然后又立即回到自己的洞穴内。孵化 15～20 d 后,雄性大鲵一般每隔 2～3 d,晚上出来捕食一次,但每次出洞捕食时间不超过 30 min。孵化出幼鲵后,雄性大鲵仍然留在洞穴中保护幼体,直到幼鲵四肢已经发育完全,雄性大鲵才离开繁殖洞穴。

二、亲鲵的选择和雌雄鉴别

(一)亲体选择

成熟亲体是进行人工繁殖的物质基础,亲体成熟与否,决定着人工繁殖的成败,因而成熟亲体的选择极为重要。一是要求体质健壮、无病、无伤、无残；二是要求达到性成熟年龄，因大鲵生长较慢，一般要5龄才达到性成熟，此时体重4 000～5 000 g，故亲鲵最好选择6龄以上，体重6 000 g以上的个体；三是雌、雄配比一般要1∶1，也可以雄略多于雌。

(二)雌雄鉴别

雌性亲体腹部膨大而柔软，用手轻摸其腹部，饱满、松软且富有弹性，还可将亲体托起，观察其腹部蠕动情况。有蠕动，可选作亲体供催产。腹部膨大，手摸有硬感，则不能选为亲体。

雄性亲体泄殖孔内周边有一圈突出的小白点，周围橘瓣状隆起，内周边红肿，明显可见充血现象。在催产前后，可挤取精液进行镜检。成熟精子，必须数目多，呈单个游离，稍加水滴就能游动，这种精子才有授精的能力。若镜检时精子未能单个游动，无力，这种精子是不能使卵受精的，人工授精过程中使用这种无效的精子，也是人工授精失败的主要原因。

(三)大鲵卵的成熟

1.卵成熟的环境温度

大鲵卵成熟与水温密切相关。水温在10 ℃以下，大部分卵已充分生长，停留在卵巢中；当水温上升至12 ℃时，则继续发育。卵发育适宜水温为16～23 ℃，而最佳温度为18～21 ℃。

2.卵成熟以前要经过休眠期

大鲵性腺发育要经过一段冬眠期才可能获得具备受精能力的卵子。这就是说，自然冬眠、人工冬眠都有促进雌性生殖细胞成熟的作用。反之，不通过冬眠(低温)和低代谢率的阶段，卵子无法成熟。

卵子只有达到生理和形态上的成熟才具备受精能力。

三、人工诱导

亲鲵放入光线暗弱的拱洞水池内，水深为 30～40 cm，池底铺设洗净的小卵石，水质清洁透明。

大鲵人工繁殖时间的确定是成功开展人工繁殖的关键，每年繁殖时期应选择在 7～9 月。挑选性腺发育较好的亲鲵进行人工催产，催产剂为促黄体素释放激素类似物(LRH-A)和绒毛膜促性腺激素，后背部肋间一次性注射。注射催产剂时需要注意三点：一是不宜注射过多的溶液量，否则容易导致大鲵腹部积水，严重时引起亲鲵感染病菌而死亡；二是不要将激素注射到大鲵肌肉里，这样也容易使亲鲵肌肉出现水肿，在注射部位形成一个肿块，严重时导致肌肉坏死，形成溃疡；三是注射器的选用要适宜，一般体重在 1 kg 以上的亲鲵用 5 mL 容量的注射器，10 kg 以上的亲鲵选用 10 mL 的注射器。实际操作中因为注射剂量过多或者注射部位有误，导致亲鲵死亡的情况也不在少数。因此，要掌握催产剂注射技术，以免造成亲鲵损失和药物浪费。

对于成熟度不好的亲鲵采用二次注射法，即把催产剂分两次注射进亲鲵体内。第一次注射药量要严格按照催产剂说明书执行；第二次注射则是将剩余的药量全部注入亲鲵机体。分两次注射的催产剂，必须注意控制第一针剂量，特别是对于成熟度较好的亲鲵，更要严格控制。若第一针的剂量高了，容易造成亲鲵早产，而且产得不好，有时即使产下不少卵，但受精率低。

雄性大鲵最好也采取两次注射，因为雄性大鲵成熟要比雌性大鲵稍迟。因此，为了获得成熟精子，故要提前一周对雄性大鲵进行催熟。

两次注射比一次注射效果好,两次注射使亲鲵发情的时间比较稳定,催产率、受精率和孵化率均比较高。因为两次注射符合大鲵生理客观规律,有利于精母细胞、卵母细胞成熟的准备,以及成熟过程比较顺利地进行和完成。对于成熟不够充分的亲鲵,采用两次注射,可避免亲鲵的生理反应过急,而引起卵子的成熟和排卵的失调,影响产卵和受精效果。注射部位为背部肋间。

催产后亲鲵单独养于亲鲵池中,水温控制在20～22 ℃,加强流水刺激。催产 3 d 后,不定时对亲鲵的发育情况进行检查。若雌性大鲵开始出现空卵带,则轻挤雌鲵泄殖孔,若有卵粒产出则可以进行人工授精。

四、人工授精

大鲵在进行药物催产后,行为表现为厌食,单独活动。雌性大鲵可见后腹部膨大,泄殖孔区域润滑,红色加深;雄性大鲵生殖孔周边的隆起明显,吸盘状。催产均在 20～25 ℃的水中完成,水温不同,引起大鲵的催产效应时间产生较明显的差别。虽然大鲵的催产效应时间存在个体差异,但总的趋势是水温越高,效应时间缩短,水温每升高 1 ℃,其效应时间约减少 10 h。在与雌性大鲵等剂量注射催产剂的情况下,雄性大鲵的效应时间略短,一般比雌性大鲵提早 15 d 可采集到精液。

注射催产剂的大鲵,在 4～9 d 产卵或排精,以 4～5 d 内产的卵质量为好。当雌鲵开始产出卵带时,立即用布蒙上雌性大鲵的眼睛并轻轻将其放入布担架内,然后用左手将其尾部向上稍稍提起,右手轻托卵带,让卵徐徐自然托入盆中。当盆中有一定的卵带后,即要抓紧时间,轻压雄鲵腹部挤取精液,略加 3～5 mL的精子激活剂稀释后与卵带混合,再添加一定的精子营养液，轻轻摇动使精子、卵带充分结合。换水两次，即可分盆进入孵化。

五、人工孵化

将受精卵分放在盆内静水中，每盆装 300～600 粒。水质要清澈而无泥沙，每天换水 3～4 次，换水时动作要轻，不宜震动，以避免卵粒震动导致卵子破裂，造成胚胎死亡。此外，分阶段采用消毒剂浸洗卵胚 3～5 min，可以有效防止水霉病的发生。根据大鲵的畏光习性，孵化盆宜放在阴凉、光线暗弱的地方。在水温 20～23℃的条件下，历经 30～40 d 孵化可出膜。刚孵化出幼体全长 2.9 cm，体重约 0.3 g，口部未开，不能进食，幼体发育的营养仍靠吸收卵黄营养。从孵化至卵黄耗尽大约需 30 d，此期内不必投放饵料。

第三节　提高大鲵人工繁殖率的措施

影响大鲵人工繁殖率的因素很多，如海拔、水源、水质、水温、水深、水流量、植被、光照、群落、洞穴、饵料以及大鲵种质资源、催产药物、操作技术和方法等。

大鲵人工繁殖使用的人工诱导、人工授精和人工孵化技术等是参照和借鉴了鱼类等水生生物的人工繁殖技术，已经被全国大多数的养殖技术人员应用于大鲵的人工繁殖。模拟自然环境参数，调整人工养殖环境，促进性腺发育成熟，保证孵化顺利进行，是提高大鲵人工繁殖率的主要手段。主要涉及水温、水流、光照的调节和饵料的投喂等。

一、水温调节

(一)亲本培育中的水温调节

大鲵是变温动物,绝大部分时间生活在水体中,水温对于大鲵的生理活动具有很大的影响。野生大鲵生存的适宜水温为10～25 ℃,水温低于5 ℃时大鲵基本呈冬眠状态;高于28 ℃时大鲵摄食减少,行动迟缓,免疫力降低。

亲本培育水温调节的原则是遵循大鲵野外生存环境的水温变化规律和保障人工驯养个体性腺的正常发育。通过提高雄性大鲵所在水体的温度或降低雌性大鲵所在水体的温度的方法,消除大鲵雌、雄个体性腺发育的时间差,解决雌、雄性大鲵成熟不同步的难题。水温调节分为产后调节、春季调节和产前调节。大鲵产后体质下降,常伴有外伤。降低水温1～2 ℃,经10～15 d后再将水温逐渐提高到正常水平,这样能减少其体能消耗,促进伤口愈合。大鲵自然越冬后,当水温升到15 ℃以上,其生理活动旺盛、性腺发育加快,将水温提高1～2 ℃,能加速雄性大鲵精巢的发育。到每年的6月,水温上升到18 ℃以上,每星期检查1次雌、雄亲本的性腺发育情况,灵活采用升高或降低水温1～2 ℃的方法,协调雌、雄性大鲵性腺同步成熟。另外,亲本培育过程中水温的调节一般利用恒温的泉水或井水,调节时应注意防止水温突变,日温差不宜超过3 ℃。

(二)人工催产过程中水温调节

在大鲵人工催产前,逐步将水温降低至16～18 ℃,能减少亲本的应激反应和伤亡。注射催产剂后再缓慢将水温升高至20～22 ℃,可缩短催产剂的效应时间。在人工繁殖过程中,不同个体间常有性成熟不同步的情况,降低水温能延长可繁殖时间，提高亲本配对成功率。

（三）人工孵化过程中水温调节

孵化室温度用空调控制在 18 ℃左右，孵化水温采用工业恒温冷水机组精确控制。大鲵人工孵化的适宜水温为 16～18 ℃。水温为 16 ℃时约 42 d 出膜；水温为 18 ℃时约 35 d 出膜。水温低，孵化时间长，孵化率较高，幼鲵体质强壮；水温高，孵化时间短，孵化率降低，畸形苗增多。孵化过程中要求水温保持恒定，日变幅小于 1 ℃。

二、水流调节

采用流水驯养能够带入丰富的溶解氧，可使大鲵的代谢产物和食物残渣随水流排出，使池水始终保持良好的状态，能满足大鲵对水质的严格要求。虽然大鲵不是洄游性种类，但较急的水流和流水声刺激有利于其性腺的发育，这对于雄性个体尤为重要。大鲵池的进水方法以跌落式最佳，能发出流水声，增加溶解氧量。当水温升到 15 ℃以上时，要逐步加大亲鲵池的水流量。6 月以后，每天要对雄鲵池进行大水流冲水刺激 1 h 以上。雌鲵池始终保持较小的水流，能满足水质清新即可。雌鲵池的水位以深水区能完全浸没大鲵，并有一定的无水区为宜。在人工驯养池中，7 月后雄性大鲵经常抬头张大嘴在入水口承接水流，雌性个体则喜欢在 5～8 cm 的浅水区生活，这与国内一些学者观察到的现象相吻合。

三、光照调节

（一）亲本培育的光照调节

大鲵畏强光，人工驯养中一般维持在 50～200 lx 的阴暗环境。在模拟自然环境在户外建造的洞穴式大鲵池中,6 月以后,常有大鲵白天将头部伸向洞口,喜欢生活在光线较强的位置。有人经过时大鲵听到声音即迅速返回洞内,这说明大鲵的发育过程中需要阶段性的较强光照。6～8 月每天给大鲵亲体补充 1500～2 000 lx 的自然光照 1 h 左右,能促进其性腺发育成熟。相对于没有补充光照的个体,补充光照的雄鲵的精子活力能得到很大提高。

(二)人工孵化的光照要求

大鲵受精卵的孵化需要黑暗的环境,人工光照强度不宜超过 50 lx。使用聚光灯进行短时摄像能造成胚胎畸形和死亡,如需拍摄照片和视频应取出少量胚胎到孵化室外单独摄像,以免影响整批胚胎的正常发育。

四、饵料品种选喂

在野生条件下,大鲵的天然食物有小型鱼类、溪蟹、虾、青蛙、水鼠、水蛇、鳖、水生昆虫、水鸟等。大鲵行动缓慢,不主动追击食物,在野外常处于半饥半饱的状态。在人工养殖条件下,饵料主要是人工养殖的鱼类、家禽和家畜的内脏等。与天然饲料相比,人工饲料脂肪含量较高、投喂密度较大。大鲵的摄食强度较大且人工驯养的大鲵活动范围极小,这导致大鲵增重快、肥胖,不利于亲本的性腺发育,应尽量使用天然饵料。在春季培育和产前培育中,除保证蛋白质需求外,给雄性大鲵投喂溪蟹能增强精子活力,给雌性大鲵投喂青蛙可提高卵带的韧性。

第四节　繁殖方式

目前,很多人工繁殖场建在大鲵原产地,仿照大鲵野外栖息环境建立。一般的繁殖方法是通过驯养当地野生大鲵作为繁殖亲本,通过人为调控养殖环境,来促进大鲵性腺发育成熟、保证受精卵顺利孵化。目前主要的繁殖方式有三种:全人工繁殖、原生态繁殖、仿生态繁殖。

(一)全人工繁殖模式

全人工繁殖模式是全部脱离大鲵原始生态环境而进行的繁殖模式。在大鲵分布的区域,建造房屋、地下室或开挖隧道,再在其内建造不同规格的大鲵饲养池,即可作为大鲵的繁殖场所。饲养用水可以抽取地下水,也可以是附近的河水、山溪水或泉水。该模式全部是在人造环境条件下进行,始于 20 世纪 90 年代,多个省份的大鲵繁殖均采用全人工繁殖模式,是现在最广泛采用的一种繁殖模式。

由于对野生大鲵生态环境中的生态因子、生活习性、生殖生理与生殖行为等生物资料了解不足,因此在全人工繁殖方面一直没有取得突破。直到近几年来,随着对大鲵繁殖生物学及人工繁育技术研究的深入,已经基本上掌握了亲鲵培育,人工催产、受精、孵化、稚鲵和幼鲵饲养等人工繁育技术。

(二)原生态繁殖模式

选择大鲵原产地山区的一段自然河道或溪流,对其给予适当改造并添加防护设施后,按一定的雌、雄比投入种鲵。通过精心看护,定期投喂饵料,根据生产需要再进行捕捞,让种鲵自然繁殖,定期捞取大鲵幼苗的繁殖方式。

(三)仿生态繁殖模式

在大鲵适生区选择合适的缓坡地,建造室外人工小溪、河、洞穴,在小溪里投放一些鹅卵石,投喂适口的活鱼,采取大鲵自然捕食方式。在洞穴上方覆盖土壤并种植草本植物,并预留活动的观察孔和通气孔,营造大鲵的适生环境。饲养用水可引用附近的山泉水或河水,使用河水前要经过 2～3 个人工建造的阶梯过滤池。该模式还需要在小溪流周围建造室内稚鲵和幼鲵饲养池、防逃设施、看护设施等,按雌雄 1∶1 比例向人工小溪流内投入种鲵,尽心管护,定期捞取幼苗。

大鲵养殖相对其他养殖,投资大、技术较高、风险高、回报相对也较高,因此在大鲵养殖前要充分考虑各方面的因素。养殖采用哪一种繁殖模式要根据各自的技术力量、资金状况、地理环境、饵料来源等因素,选择适合的养殖模式。各种繁殖方式的优缺点见表 6-1。

表 6-1　大鲵各种繁殖方式的比较

繁殖模式	全人工繁殖模式	原生态繁殖模式	仿生态繁殖模式
优点	1.养殖适用范围广，养殖条件较易满足，可在非原产地迁移养殖 2.管理方便，观察直接，通过对不同大小规格大鲵分池饲养，可以避免相互捕食及残杀 3.及时了解大鲵的生长、摄食情况，便于病害防治等 4.可以随时对亲鲵的繁殖进行监控和记录 5.该模式整个过程均在室内进行，没有自然和人为灾害的风险，基本不受环境气候因素的影响	1.亲鲵自然繁殖，选择大鲵的原栖息地和自然繁殖地，各种生态因子均适宜大鲵的生态习性，延长了亲鲵的使用寿命和使用效率 2.该模式只需承包一段大鲵原栖息地的自然河道，建设防逃设施、看护房屋，并聘专人看管即可，投资少，见效快，技术易掌握。在正常气候条件下，投放成熟的亲鲵，当年可产卵，孵出苗 3.孵出苗种无论从发育质量和抗病能力都优于全人工繁殖的大鲵	1.克服了原生态繁殖模式的一些不足，创造并优化大鲵生长繁殖的环境条件，有利于亲鲵的生长发育 2.可以避免暴雨、洪水、天敌等灾害 3.便于管护，大鲵的安全、养殖水质等均能得到有效保证 4.这种繁育方式难度小，无须采用人工注射催产剂，避免对亲鲵的伤害，亲鲵寿命较长

续表

繁殖模式	全人工繁殖模式	原生态繁殖模式	仿生态繁殖模式
缺点	1.该模式繁殖的亲鲵生殖寿命比较短，必须大量保存亲本数量，并不断补充种鲵，对珍贵的野生大鲵资源消耗比较严重 2.繁殖技术要求高，对驯养繁殖各个环节尤其是人工催产、受精与孵化等环节均有较高的技术要求，一般养殖场无法达到 3.养殖设施造价高，管理中工作量较大，运行成本大 4.技术相对封锁严重，大鲵养殖病害增多，成活率较低，养殖风险增大，品质下降	1.抗御自然灾害的能力弱，在养殖过程中，如遇干旱少雨、气温过高、山洪暴发等极端天气，该模式在当年可能会受到毁灭性的打击 2.天敌危害严重，在养殖自然水域内，水老鼠、蛇、螃蟹等天敌无法根除，对受精卵、稚鲵、幼鲵的危害严重 3.管理不便，水质安全无法得到保障，在养殖过程中，很难做到对亲鲵的性腺发育、产卵受精、孵化出苗、疾病等现象进行及时监控和治疗	1.大鲵个体之间有时存在相互捕食、残杀受精卵和幼苗现象 2.实现规模化养殖，占地面积较大 3.该模式主要适合于大鲵原产地亲鲵的培育和幼鲵生产 4.由于大鲵的发育程度差异，产卵和孵化存在时间差，因而很难掌握确切的产卵和出苗时间，如未及时捞取幼苗，会影响苗种成活率

第七章 大鲵苗种的培育

大鲵苗种包括稚鲵和幼鲵。在大鲵的生长发育阶段要经历一个非常重要的变态时期，变态之前的大鲵称之为稚鲵。稚鲵可以作为小规格苗种，稚鲵的体形和成鲵有很大的差异，依靠外鳃呼吸且生活离不开水体。变态之后的大鲵体重增加到 1 kg 之前都可以称为幼鲵，幼鲵的体形和成鲵没有差异，可以作为大规格苗种引入养殖场。

第一节 大鲵苗种的选择

一、苗种池建造

大鲵苗种池一般以水泥结构的水池为好，面积以 1～2 m² 为宜，水深 20～30 cm。由于苗种阶段大鲵皮肤比较娇嫩，要求池底和池壁都贴上瓷砖，减少大鲵与粗糙池面的摩擦而受的损伤。养殖池使用前一周彻底消毒。新修的养殖池有较强的碱性，强碱对大鲵有强刺激，会造成大鲵皮肤和机体损伤，因此新修养殖池要泡水 2 个月，中途要换水 2～3 次。如果要求时间短，可以用草酸先泡 10 d 左右，再用清水泡 2 次，1 个月后可投放幼苗。

二、苗种质量鉴别

(一)大鲵苗种外部基本形态特征

未脱鳃的 1 龄稚鲵外鳃暗红或同正常体色，并且无损伤，则说明苗种质量较好；若发现有外鳃损伤的苗种，说明该苗种质量差，容易感染细菌，难以养活。1 龄以上优良大鲵苗种要求外部无损伤，无畸形。但是，其他几种有尾目动物和大鲵的形态十分相似，在生产实践中要注意鉴别。表 7-1 列出了它们的形态学鉴别方法。

表 7-1　几种有尾目动物与大鲵的形态学鉴别

	中国大鲵	小鲵	蝾螈	美洲大鲵	日本大鲵
眼睑	无	有	有	无	无
体侧纵行肤褶	有	无	无	有	有
腹部颜色	灰白	褐橘	红色	灰白	灰白
四肢蹼	无	有	有	无	无
头部形状	半椭圆	椭圆	头部较尖	半椭圆	半椭圆
尾巴	短	长	长	短	短
皮肤疣粒	成对	无	无	无	单个

（二）外部反应

用手搅动，大鲵苗种四肢在水底爬动有力，尾巴在水中摆动快，将水放干后，让其在盆中爬动，行动敏捷者为优良鲵种。

（三）规格

看大鲵苗种的均匀度，同一批苗种生长均匀，规格差不多的可以初步定为质量较好，弱小苗种的规格比同一批显得小。特别是头部较长的大鲵苗种生长速度慢，应该不予选用。躯干部粗壮的苗种较好，但要鉴别是否有腹胀、腹水等病症。

（四）观察有无病症

一些大鲵苗种由于饲养管理不善，感染病害，影响了质量。具体观察方法是：大鲵四肢不肿，腹部不膨大、不胀气（腹部胀气为腹水病）；未脱鳃的稚鲵（1～10 月龄）有 3 对完整鳃丝，鳃上无水霉寄生,体表无白点,体形不偏瘦。具备这些特征的苗种可初步定为优良苗种。

大鲵苗种的质量鉴别要综合考虑以上各方面的因素。此外,还要考虑供苗者的饲养水平、饲养条件等。根据苗种培育经验,建议养殖者购买 50～250 g 的大鲵苗种饲养,这样容易鉴别质量的优劣,成活率也很高。

三、苗种选购及运输

大鲵苗种采购最好是就近选购熟悉的繁养场自然繁殖的苗种,并要求繁养场具有《水生野生动物经营利用许可证》,同时要做好检疫工作。在选购时还要注意以下几个事项:

首先,检查幼苗或种鲵的健康状况,要求无病、无伤,活动规律正常。人工繁殖和自然繁殖的大鲵苗种首选自然繁殖的,因为其抗病性好,免疫力强。买前先要停食 2 d,这样在运输途中鲵苗才不会吐食,胀破肚子,特别是小苗。如果要购买带鳃大鲵苗种,不但要在氧气袋中充氧,在气温较高时还要在包装箱中采取瓶装冰等方法降温。其次,在运输前要制订最佳的运输方案,比如交通线路和运输时间的选择。选择最近的路线,并避开运输高峰期,要在最短时间内完成运输任务。最后,运输回来的稚鲵先别着急开袋入池,应该把鱼和运输袋一同先放进池子浸泡一会,待袋内温度和池中温度一样时再开袋。稚鲵入池前可用一定浓度的高锰酸钾溶液浸泡几秒,消毒杀菌后再入池。前 2 d 不要急于投喂,让其饿 2 d,适应环境后再投食。表 7-2 是各种规格稚鲵的放养密度。

表 7-2 稚鲵放养密度

稚鲵规格	放养密度(尾/平方米)
刚孵化	100～130
3 月龄	60～80
6 月龄	20～30
1 龄	10～15

第二节 稚鲵的培育

稚鲵阶段的培育是大鲵养殖的基础,稚鲵身体幼嫩,抗逆性差,适应环境能力不强,故要依据稚鲵期的形态变化、生理机能、生长发育的特点,精心培育与管理,给稚鲵创造适合其形态变化、生长发育与变态的优良生态环境。稚鲵质量的好坏,直接影响稚鲵的成活率及变态的质量。

一、稚鲵的饲养

稚鲵的生长发育阶段分为 4 个时期:卵黄囊营养期、开口摄食期、自由生长期、变态期。

稚鲵出膜后大约 1 个月时间内,主要是利用卵黄囊的营养,这个时期称为卵黄囊营养期;当卵黄囊营养消耗殆尽后,稚鲵开始主动摄食红虫等开口饵料,这个时期的稚鲵处于开口摄食期,持续时间大约 3 个月;喂食开口饵料一段时间后,稚鲵的消化系统发育已趋完善,可以投喂小鱼块甚至小鱼苗,这个时期的稚鲵处于自由生长期,持续时间 5 个月左右;稚鲵在出膜大约 9 个月后,外鳃开始萎缩,这个时期的大鲵处于生长发育中关键的变态期,2～3 个月外鳃脱落完全,主要依靠肺呼吸,稚鲵顺利完成变态成为幼鲵。

需要说明的是，由于大鲵个体的差异、摄食的差异以及获取营养的多少不同等原因，上述稚鲵的生长发育阶段的持续时间与实际情况或有出入，例如，变态期稚鲵获取的营养不足，稚鲵完成变态的时间将增加，有时变态期甚至会持续 1 年。这就要求养殖技术人员在生产实践中要注意大鲵饵料的质与量，建立完善的投喂制度。

(一)饵料的选择和投喂

刚脱膜的稚鲵体长为 2 cm 左右，侧卧于水里，运动量十分少，游泳能力较弱，依靠尾巴在水中做摆动，一般 1～2 h 游动 1 次。刚孵出的稚鲵，经过 30 d 左右，卵黄已消耗殆尽，此时稚鲵开始摄食。适时投饵时间非常重要，投饵过早，稚鲵还没有开口，不具备摄食能力，饵料生物在水中不仅要耗去水中大量氧气，影响稚鲵生长，而且排泄物还产生污染；投饵太迟，稚鲵卵黄能量耗尽，捕食能力下降，捕不到饵料，或者已闭口不进食，最后死亡。养殖技术人员应该在稚鲵卵黄囊营养期结束后1～2 d内即开始投喂红虫或摇蚊幼虫等开口饵料。大鲵生性安静，昼伏夜出，喂食的时间一般选择在每天傍晚时分。

目前普遍采用的稚鲵开口饵料是人工培育的红虫。开口饵料要求：一是个体大小适口；二是活动能力较弱，游动速度慢于稚鲵，便于稚鲵摄取；三是要干净，无泥、无污物；四是最好为活体；五是饵料量要充足。

开口摄食期稚鲵经过大约 3 个月的饲养，体长可达到 10～12 cm，这时要适时转换食性，改成以小鱼虾为食。具体做法是：选择新鲜鱼肉，剔除鱼刺，剁成鱼糜和红虫一起投喂。开始夹杂小量鱼糜，并相应减少红虫量，3 d 后再逐渐增加鱼糜量减少红虫量，最终达到全部投喂鱼糜，经过 15～20 d，稚鲵食性可全部转换吃食鱼肉。

转换食性的稚鲵即可投喂适口活鱼、虾等活性饵料，标志着稚鲵发育到自由生长期。自由生长期的稚鲵消化吸收系统已经发育完善，可以主动摄食适口活性饵料，也可以驯化稚鲵摄食人工配合饲料，投喂人工配合饲料是为了均衡稚鲵阶段所需的营养。稚鲵驯养需要五周时间，达到两个改变：稚鲵由在池中分散觅食改为定位摄食；由摄食鲜活饵料改为摄食人工配合饲料。

驯养的诱食饵料有很多种类，但目前采用红虫诱食的效果较好。红虫驯养稚鲵分两个阶段：第一阶段，将红虫撒在培育池中，让稚鲵自由摄取，待到稚鲵对摄食红虫形成习惯以后再逐步减少投放点，最后将饵料投放点集中于一处，以形成定位投料。第二阶段，由于稚鲵对红虫形成摄食习惯，因此，第二阶段中先将占投喂量 80％的红虫绞碎成浆，加入占投喂量 20％的稚鲵人工配合饲料，调配成糊状进行试投。投喂时要将配合饲料削成细小薄条片放在食场，便于大鲵稚鲵摄取，随后逐步加大人工配合饲料的比例。

但是，人工配合饲料不能很好地满足稚鲵对水体环境中各营养素的获取，饲料配比可能存在与大鲵幼体自身营养需求不匹配的情况，而且饲料残留也会造成养殖水体的污染。所以，稚鲵阶段投喂天然饵料更有利于稚鲵的生长发育。

变态期的稚鲵主要投喂适口活体饵料，正常情况下，稚鲵变态期处于翌年 4～5 月，此时，正值四大家鱼以及其他各种鱼类的人工繁殖时期，这些鱼的小苗种都可以作为变态期稚鲵良好的饵料来源，在保证饵料来源充足的情况下，稚鲵能顺利完成变态。

（二）饵料投喂量

大鲵生性贪食，人工养殖时，投喂量以稚鲵吃到 7～8 成饱为宜。在稚鲵时期,有时由于摄食过多,导致腹部肿胀过大,无法游动,浮在水面无法沉在水下。这些稚鲵应单独放置于塑料篮中,置于浅水区,让其平卧,尽量减少活动,经过2~3 d,待其腹部消肿,再放入池中。表7-3显示了不同规格大鲵苗种的投饵量及投饵频率

表7-3 不同规格大鲵苗种的投饵量及投饵频率

规格	投喂量	投喂频率	饵料种类	饵料处理
开口期	投喂后1 h内略有剩余为宜	18~22 ℃时隔1 d 1次 15 ℃左右时隔2 d 1次 10 ℃左右时隔3 d 1次	冰冻红虫	先将红虫解冻,再用1%食盐水消毒30 min左右,漂洗干净后投喂
4月龄	大鲵苗种体重的4%~5%,少量多投	每天投喂1~2次	切碎的小鱼虾	用3%~5%的食盐水浸泡2~3 min,洗净后投喂
6月龄	大鲵苗种体重的3%~4%,少量多投	根据吃食和水温情况确定投喂次数	活体小鱼虾,或切条、切块的小鱼	用3%~5%的食盐水浸泡2~3 min,洗净后投喂
12月龄	大鲵苗种体重的2%~4%,少量多投	根据吃食和水温情况确定投喂次数	活体小鱼虾或者小鱼块、小肉块等	用3%~5%的食盐水浸泡2~3 min,洗净后投喂

二、稚鲵培育的管理

由于早期稚鲵活动能力差，为便于管理和清洗养殖池，一般将其置于塑料篮中饲养，每平方米不超过5尾。随着大鲵的长大要适时分稀，到6～7 cm长度时可直接放入水泥池中饲养，饲养过程中用水要求过滤，保障水质清新、无污染，水不宜太深，以能覆盖稚鲵，使其能自由游动即可。池中保持微流水，每天要求清洗鲵池。

（一）稚鲵的日常管理

稚鲵培育日常管理的关键在于“水质、温度、预防”六个字。

水质：水质是决定稚鲵成活的重要因素，水质清新、无污染、无泥沙。稚鲵依靠外鳃在水中呼吸，水中溶解氧在5 mg/L以上为好，水质标准要高于渔业用水标准，养殖用水要求国家级用水Ⅱ级标准以上，可以是井水、湖水、阴河水和山泉水等。养殖用水在引入养殖池之前最好用净水设备过滤1～2次，这样可以去除水中一部分杂质。不管是采用流水养殖还是静水养殖，每天都应及时清除残饵，静水养殖要及时换水。如果稚鲵数量多，用水量大，则要增加充气机，充气时间要长；如果稚鲵数量少，则可定时间段增氧。

温度：稚鲵较适宜的水温为18～20 ℃，大鲵的繁殖季节一般在7～9月。所以，稚鲵孵化出膜后就会经历秋、冬两季，稚鲵身体幼嫩，抗逆性差，适应环境能力不强，因此必须人工调控水温。冬季时可采用热泵技术使低水温升高，并设法采用空调，使水温保持在18～20 ℃。

预防：主要是预防稚鲵病害的发生，稚鲵期的主要病害是“水霉病”。稚鲵的皮肤薄，抗逆性差，机体容易受伤，在培育过程中要避免稚鲵受到伤害,同时要保持培养盆中清洁卫生,及时清除培育盆内杂物及排泄物,对病的稚鲵要及时捞出进行单独隔离防治。要求每隔 5～7 d 用水霉净 3 mg/L 浸泡培育盆与稚鲵 15 min 左右,以达到抑制水霉病的发生;每隔 10 d 要彻底清洗培育盆,并用 15 mg/L 高锰酸钾溶液消毒,可以达到预防“水霉病”的目的。

此外,还要调节光照,大鲵生性畏光,稚鲵的培育最好是在黑暗的条件下进行。

(二)稚鲵变态期的管理

稚鲵期的大鲵会经历重要的生长发育阶段——变态期,这个时期也是大鲵各种组织器官重要的发育建成时期,因此,做好稚鲵变态期的培育与饲养管理工作十分重要,所以此处重点介绍。

稚鲵变态期的管理是稚鲵成活率高低的一个关键环节。在稚鲵培育到 9 月龄左右时,稚鲵的外鳃开始脱落。虽然稚鲵在出膜 4 个月左右开始用肺呼吸,但是变态期间主要还是靠外鳃在水体中呼吸。外鳃呼吸功能逐渐萎缩至最后脱落历时 2～3 个月,到 1 龄时,稚鲵变态完成,才开始主要依靠肺呼吸。

如果在变态阶段不加强稚鲵的日常管理,稚鲵的死亡率将达到 50%。稚鲵在由外鳃呼吸转为肺呼吸的过程中,外鳃的自我防御和免疫力下降,细菌易侵入,泥沙等附着物易附于外鳃上,造成稚鲵呼吸困难,引起鳃发炎、化脓,造成稚鲵的大批量死亡。此时,稚鲵的鳃呼吸和肺呼吸功能都不强,水中的溶解氧不足就会影响稚鲵的摄食,出现食欲不振或者停止摄食而造成稚鲵的消瘦死亡。

稚鲵脱外鳃时期的管理要做到:一是每天换水,清洗养殖器皿，最好每隔 1 d 用 50 g/L 食盐水或其他消毒药物对器皿进行 1 次消毒；二是要注重水质，可以用净水设备对流入养殖场的养殖用水进行过滤、除杂，特别要注意不能有泥沙进入养殖水体；三是调控水温，水温对稚鲵的变化有很大影响，卵孵化以后，若水温在 18～23 ℃时，可提早变态成稚鲵；四是不要用手直接接触稚鲵，不能损伤稚鲵体表黏液层，换水时，用消过毒的光滑的专用捞网捞起稚鲵。

采用以上方法，稚鲵的成活率可大幅度提高，且生长发育快，可得到体质健壮的稚鲵。

三、消毒管理

稚鲵的培育中，消毒管理工作至关重要，可以预防稚鲵病害的发生，搞好该项工作要做好以下几点。

（一）养殖池和工具消毒

苗种养殖工具要做到专池专用，每次使用后都要用食盐或高锰酸钾溶液浸泡。同时每 10 d 对养殖池和苗种用聚维酮碘等渔用消毒液适量浸泡 0.5 h。

（二）饵料消毒

投喂饵料要求新鲜，无论是红虫还是鱼肉在投喂前都要用5%的食盐水浸泡 15 min，用清水漂洗后再投喂。

（三）稚鲵的消毒

稚鲵在放养时必须进行消毒，其消毒方法主要是药浴。药浴的方法有两种，一种是用容器进行药浴，另一种是培育池泼洒药浴。

(1)药浴消毒时间:容器内药浴是在稚鲵放养前进行,全池泼洒消毒在稚鲵下池后的当天傍晚进行。

(2)消毒药物及浓度:稚鲵的消毒药物目前主要采用碘溶液。在容器内药浴时,其浓度为 10 mg/L;全池泼洒时,其浓度为0.8 mg/L。

(3)消毒步骤与方法:容器药浴一般在大搪瓷盆或类似器皿中进行。具体做法是:先在搪瓷盆中装清水 300～500 kg,然后按药物用量,先溶化药物再倒入搪瓷盆内,不断搅动盆内的水,使药液均匀分布。最后将稚鲵放入搪瓷盆药浴 12～15 min,取出放入培育池。全池泼洒药浴在傍晚进行。把药物溶解后泼洒在培育池,为了使药液分布均匀,池水要不断搅动,然后放入稚鲵浸浴 1 h,排干池水,重新加入池水。

同时养殖场之间尽量减少串联,如触碰了其他养殖场有病的大鲵,双手和其他物品都要严格消毒,当天最好不要进入养殖区,以防病害相互传染。

第三节　幼鲵的培育

幼鲵是指稚鲵经过变态之后外鳃脱落,依靠肺呼吸和皮肤辅助呼吸,用四肢在池底爬行,体形和成鲵差别不大,1 龄以上 3 龄以下的大鲵,根据幼鲵大小的不同可以作为不同规格的苗种引入养殖场。

一、放养密度

幼鲵基本上可以放在养殖场的幼鲵池中饲养,一般 5～10 尾/平方米。

二、幼鲵分类饲养管理

幼鲵在饲养过程中,其生长速度不尽一致,个体大小会有差异。为了达到使其快速成长的目的,必须在饲养过程中进行1～2次分类饲养,即分大、中、小三个等级,进行分类饲养。尤其是对个别体小、生长慢的个体,要实行单独饲养,加强饵料、水质的调配强化措施,以达到均衡快速生长的目的。

幼鲵在饲养过程中,同样具有畏光、荫蔽行为。因此,要注意防止强光照射,采取必要避光措施,以营造舒适的环境,利于幼鲵生长发育,这点已在实践中获益。

三、投喂管理

幼鲵已经可以捕食适口的动物活性饵料,一般以小鱼苗为主,饲喂时要及时捞出死亡的小鱼苗;有的幼鲵经过人工驯养可以摄食人工配合饲料,投喂适口人工配合饲料时,要及时捞出残留饲料以免污染养殖池水。饵料投喂要做到定时、定点、定质、定量。

四、日常管理

幼鲵发育到成鲵的时间较长,日常管理工作不能松懈。

幼鲵的养殖要求水质清新,溶解氧量适中,一般要求在5 mg/L以上,所以要在幼鲵池中采用充气增氧措施。在冬季温度较低时采用电热棒或水温调控仪,控制水温在18～20 ℃,保证幼鲵安然过冬。采取室内养殖的方式,在黑暗条件下进行养殖。幼鲵在引入养殖场时也要经过严格的消毒程序,防止将致病菌带入养殖场。发现生病幼鲵要及时采取隔离措施，防止疾病在幼鲵之间传染。

加强日常管理是提高幼鲵生长发育速度及成活率，缩短养殖周期，显著提高养殖效益的有效措施。

第八章　大鲵的养殖

野生大鲵在自然条件下获得的饵料有限，而且环境因素波动较大，要经历冬眠期，一年之中只有温度适宜的季节才会生长，所以，大鲵的生长速度缓慢，一般需要5龄才能达到成体；而人工养殖条件下的大鲵，饵料来源丰富，通过人为调控环境因子，可以达到大鲵的最适生长条件，一年四季都处在生长阶段，一般只需要2～3年即可达到成体阶段。

当前，全国各地大鲵养殖者越来越多，养殖技术也越来越成熟，大鲵的资源量得到了一定的恢复，人工养殖的子二代大鲵允许上餐桌，甚至还有专门的大鲵餐厅建成，大鲵的价格也不再是人们难以承受的天价，越来越多的人已经品尝到了大鲵的味道。

人们对"娃娃鱼"一直都寄寓着深厚的感情，大鲵的养殖在我国名特水产品的开发中也一直占据着重要的地位，近年来一直被养殖者青睐，大鲵养殖产业得到了快速的发展，今后也必将得到长足的发展。所以，在不久的将来，在平常百姓家的餐桌上见到大鲵的身影并不是一个难以实现的目标。

第一节　成鲵的养殖模式

20世纪70年代，国内就有人在成鲵养殖方面已取得了成功，经过40多年的发展，成鲵的养殖模式也被养殖技术人员越来越多地开发出来。目前我国大鲵主要的养殖模式有三种：工厂化养殖模式、仿生态养殖模式、原生态养殖模式。

一、工厂化养殖模式

工厂化养殖模式是人工建造养殖场，提供丰富的饵料，在人为条件下进行饲养管理和养殖环境的调控，使大鲵全年生长的养殖模式。养殖场一般建在水源丰富、水质良好、饵料来源方便、生态环境良好的大鲵产地周边。

工厂化养殖模式一般都是室内养殖，要求在养殖场建立厂房，在厂房内建立各种养殖池，包括孵化池、稚鲵池、幼鲵池、成鲵池、亲鲵池等，具体养殖池的建造方法可以参见第四章。

工厂化养殖可以采用静水和流水的方式进行养殖。静水养殖顾名思义是从大鲵产地水源引入过滤的养殖水体至养殖池中，经过一段时间的养殖再更换新水。静水养殖可以有效防止大鲵逃逸，不便之处在于要经常更换新水。流水养殖是养殖池建造管道直接与大鲵产地水源相通，引入大鲵产地的水流不断地流经厂房内的养殖池，甚至截取一段溪流，在溪流上直接建造厂房，使溪流水不断流经养殖池。流水养殖要控制水流的流速，水流不能太急，以微流水为宜，但山洪暴发的时候大鲵容易逃逸。

大鲵虽然穴居生活，但是工厂化养殖的大鲵经过驯养后，能够在没有洞穴的养殖池内正常生长。驯养过后的大鲵能够适应群居生活，养殖池内甚至可以放十多尾大鲵进行养殖，这样可以大大提高养殖的效率。需要注意的是，大鲵有同类相残的习性，不同规格的大鲵不要放在同一养殖池养殖，要分池、分规格进行养殖。

工厂化养殖模式是现在最广泛采用的一种养殖模式，大鲵的生长速度快，为养殖者带来很高的经济效益，但是投入成本较大，而且疾病的爆发概率大。

二、仿生态养殖模式

仿生态养殖模式是指在大鲵产区选择合适的地区，人工在室外凿建一段小溪、小河，并在溪河边人工建造洞穴、遮阴设施，引入大鲵产地水源的水，人工建造模拟大鲵野生栖息环境的养殖基地，最大限度模拟大鲵野生条件生活的一种养殖模式。

仿生态养殖模式下养殖大鲵，可以在小溪里投放一些鹅卵石，在洞穴上方覆盖土壤并种植草本植物，并预留活动的观察孔和通气孔，以便及时观察大鲵，一般一个洞穴放养1～2尾大鲵为宜。仿生态养殖大鲵主要投喂适口的活鱼，大鲵自然捕食，该模式还需要在小溪流周围建造稚鲵池、幼鲵池、孵化池、亲鲵池、防逃设施、看护设施等。

仿生态养殖模式养殖大鲵的成本比工厂化养殖模式低，大鲵的养殖效果也较好，但是要防止大鲵逃逸，而且室外环境的变化会影响大鲵的生长发育，要求养殖技术人员精心看护。近年来，仿生态养殖模式已经越来越受到养殖者的青睐。

三、原生态养殖模式

原生态养殖模式是指选择大鲵产地山区的一段自然河道或溪流，对河道或溪流给予适当改造并添加防护设施后，通过精心看护，定期投喂饵料，把大鲵放归栖息地养殖的养殖模式。

原生态养殖也要注意不同规格的大鲵不能混养，以免造成大鲵同类相残。同时也要人为建造洞穴，以供大鲵休息，但要在洞穴上方覆盖遮阴设施，同时留有观察孔和通气孔，以便及时观察大鲵的生长状态，一般一穴1～2尾相同规格的大鲵。

还要在养殖地周边建造稚鲵池、幼鲵池、孵化池、亲鲵池、防逃设施、看护设施等。在夏季温度较高或者冬季温度较低时应及时把大鲵转移到人工建造的室内养殖池,使大鲵免受环境变化的威胁。原生态养殖大鲵一般是投喂动物活体饵料,让大鲵在河道内自由摄食。

原生态养殖模式虽然是自然条件下养殖,但是也要求养殖技术人员精心看护。原生态养殖成本比工厂化养殖和仿生态养殖低,养殖的大鲵接近野生大鲵,但是养殖周期长,回报较慢,养殖技术人员看护的难度增大,在多雨天气或者山洪暴发的季节,大鲵十分容易逃逸。所以,近年来原生态养殖模式的应用并不是很多。

在实际生产中,养殖者不能照搬他人成功养殖的方法,必须充分考虑各方面的因素,选择合适的养殖模式。

新建水泥池由于使用了大量的水泥,其碱性很重,大鲵是一种怕碱性的动物,当池水中 pH 大于 9 时,会造成死亡,若不采取措施消碱性,直接放入大鲵将有可能“全军覆没”。消除碱性一般采用水浸法,即将池水加满,每隔 3 d 换水 1 次。一般要 1 个月以上方可使用;或者直接用流水冲洗 1 个月即可。若急需使用,也可按每立方米池水泼洒食醋 0.5 kg 或冰醋酸 10 mL,浸泡 2 d 并经刷洗池壁,换入新水,再加食醋或冰醋酸浸泡 3 次,换洗 3 次,一般也要半个月以上才能使用,前提是养殖用水充足,最后用 5‰高锰酸钾溶液浸泡消毒 1 d,清洗干净后,放入新水待用。

第二节　大鲵的饲养

一、鲵种放养前的准备

国内在大鲵养殖技术方面已取得了成功经验。天然大鲵是以自然环境中的饵料作为营养基础,因此,生长缓慢,一般需要5龄才能达到成体。人工养殖大鲵是在模拟创造良好生态环境及提供营养丰富饲料的条件下进行养殖。放养前应做好如下准备。

1.投放前的准备

鲵种池必须进行维修与消毒,主要是检查进出水管、拦栅网有无破损,检查过滤池过滤装置及控温机器有无故障,并进行维修,清查大鲵池,看是否有损坏,及时维修。然后用150 g/m^2的生石灰对大鲵池进行消毒,待药性消失后再行放养。在暑热期用遮阴网覆盖,保持水温不超过25 ℃。放养时要使成体养殖池水温与幼体池水温相同。成鲵池的水质保持清爽,水中pH为7.2～8.2,池水透明度30 cm,溶解氧为5 mg/L,7 d清理一次池中的污泥和杂物。

2.鲵种消毒

用5%的食盐水浸泡15 min进行成体消毒,主要防止水霉病和细菌性疾病,成体和幼体的消毒方法及药物比例相同。

3.放养前检查

要对成体的数量和规格进行检查,以便按成体个体大、中、小分级分池饲养。这样,同一种规格的成体在摄食能力和摄食强度上基本相同,生长速率基本一致,避免大小混养造成相互伤害。

4.投放时间

在春季3月,水温8～10 ℃时为好。

5.投放水温

温差不能大于2 ℃,温差过大,鲵种易产生应激反应死亡。

6.放养密度

大鲵成体放养密度要根据各地的养殖方式、技术水平、养殖条件而定。密度一般为1龄鲵种8～10尾/平方米,2龄鲵种5～6尾/平方米,规格相同的鲵种在同一池中饲养。

二、饲料与投喂

饲料与投喂是整个大鲵养殖技术的中心环节。饲养管理工作的优劣与成体生长发育、大鲵病害的发生、水质稳定、成体成活率、产量等都有极其密切的关系。

(一)饵料

大鲵成体为肉食性动物,饵料分两大类:鲜活及冰冻动物(含脂量不宜过高)、人工配合饲料。其天然饵料资源十分丰富,主要为鱼、虾、蛙、贝、泥鳅、鸡鸭胚胎、羊肉、牛肉、兔肉、蚯蚓等。人工配合饲料可选用鳗鱼配合饲料。天然饵料饲养大鲵成体的饵料系数为3.5～6.3。人工配合饲料饲养大鲵成体的饵料系数为2.8～3.6。各地可根据当地饲料资源情况而决定投饵品种。

(二)投饲方法

为了提高大鲵的养殖效益,降低饲料成本,在投饵前,要了解成体对饲料中营养物质的消化吸收与利用能力,以确定合理投饵。合理投饵应考虑大鲵营养、生长、代谢、生理、生态环境等因子和投饲量、投饲次数、投饲方法和投饲原则等问题。

1.投饲时间和次数

大鲵在适温条件下,消化吸收旺盛。一般2～3 d投饵1次;若湿度低于10 ℃时,每隔5～7 d投喂1次。大鲵昼伏夜出,夜间摄食,因此,夏天投饲时间在每天晚上8:00～10:00,冬天可在每天下午6:00～8:00。

2.投饲量

影响大鲵摄食的因素有很多,如水温、溶解氧、水质、病害、饲料品种、饲料质量等。大鲵对饲料的需要量，可视池中成体的数量、日投饲率来计算，其计算公式为 $A=W\times E$。式中 A 为日投饲量；W 为大鲵体重；E 为日投饲率。

水温是影响大鲵摄食的重要因素，因为大鲵是变温动物，随水温的高低，机体的生理代谢随之变化。大鲵在适温范围内，其摄食与生长是随水温上升而呈正比。一般水温在 12 ℃以上摄食量增加，水温在 18～23 ℃时的摄食量最大，生长最快；水温升至 26 ℃以上，摄食量下降；水温升至 28℃以上就进入"夏眠"。在适宜温度和同样的饲料质量条件下，溶解氧、水质起主要的作用。因此，成体的投饵量要综合各种因素来确定。

3.投饲方法

投饲要根据大鲵的生物学习性和生态习性来确定合理的投饲方法。为了提高饲料利用率，降低饲料成本，投饲必须坚持四定投饲法，即定时、定位、定质、定量。

(1)定时：就是根据大鲵生物学习性夜间摄食特点按时投饲。同时也要根据季节、水温、水质状况适当提前或推迟。一般投饲时间：夏天为晚上 10:00，冬天为晚上 8:00。

(2)定位：养成大鲵定位摄食习惯，能促进大鲵集中摄食，集群摄食不但能提高大鲵的食欲，增加食量，而且还可减少饲料的流失，提高饲料效率。

(3)定质：若投饲人工配合饲料，饲料要保存在低温、干燥之处。成体因养殖目的不同，其饲料添加剂的添加也不同。为了提高人工配合饲料蛋白质的利用率，饲料在调制中要添加油脂，一般要求添加鱼油、植物油等。油脂的添加量随水温的不同而增减。一般水温在 18～23 ℃时，添加鱼油和玉米油各 5%；水温在 14～17 ℃时，油脂的添加量为 5%～6%；低于 12 ℃时可不添加油脂。天然饵料要求新鲜洁净，变质饵料绝不能投饲。天然饵料以泥鳅、蛆、蚯蚓、鲫鱼、鸡鸭胚胎为理想的饲料。

(4)定量:根据大鲵的摄食、消化情况、个体生长、个体大小、水温、水质等不同因素,投给适量的饲料。

第三节　大鲵日常管理

大鲵日常管理工作包括养殖环境的卫生、水质调控、日常投喂、防逃、大鲵疾病的预防和治疗等。

一、成体分养

成体经过一段时间的养殖,因摄食、消化和吸收的差异,故个体大小差别显而易见,这种差别将日趋加剧。因为大规格的成体摄食能力强,摄食量大,其生长快;而小规格的成体抢食能力差,摄食量少,生长日趋缓慢。因而同一成体池的大鲵就出现个体大、中、小分化,为了避免弱肉强食,必须进行成体分级分池饲养。

二、成体池的管理

成体大鲵经过一段时间饲养,个体增长,密度相对增大,而大鲵病也随之发生。因此,日常管理工作十分重要。成体池的日常管理归纳起来就是一勤、二早、三看、四防。

一勤:勤巡池。每天巡池 3 次,早晨巡池看摄食后情况,中午巡池注意水温变化,晚上巡池观察成体摄食状况。

二早:早放养、早开食。注意春节后水温上升时,大鲵是否在摄食,若未摄食要采用加温使成体尽早摄食。

三看:看摄食、看是否抢食或有无吐食现象、看水质。看摄食主要是看成体在食场摄食是集中还是散乱。看是否抢食或有无吐食现象,以便调整投饲量。看水质主要是看水质是否清新、透明度是否高,以便采取措施改善水质。

四防:防暑、防病、防逃、防水变。

防暑:防暑是夏天大鲵池管理的重要工作之一。由于夏季水温高,大鲵易死亡。因此,要采取防暑降温,有利大鲵生长,室外防暑主要采取设置遮阴物,使光照强度降低。换水一般在深夜进行,这样有利大鲵"度夏"。

防病:大鲵疾病的发生将直接影响其摄食及成活率和产量,大鲵疾病的防治工作要坚持防重于治的原则。要随时注意大鲵的摄食活动情况,如发现成体有离群独游,要检查研究病况,采用隔离防治措施,及时治疗。大鲵病的防治还要做好以下几项工作:(1)成体大鲵养殖用水最好用静置 24 h 的自来水或地下井水,减少细菌及污染源,利用水库、山溪泉水、阴河水等自然水源的养殖场,进水必须经过过滤,防止敌害生物进入成体池;(2)成体大鲵池中不混养有病原体的鱼虾;(3)新引进成体池的大鲵需经消毒后才能放入池中养殖;(4)定期进行池水消毒,投喂药饵或药浴,防止疾病的发生。

防逃:要防大鲵逃走,要经常检查进出水处,加强管理,防止外逃。

防水变:及时清除水体中的粪便、残饵,防止水质变坏。

三、水质管理

成体池要求水质清新,浮游动物和敌害生物少,透明度为 50～60 cm,成体池水质的好坏将直接影响大鲵的摄食和大鲵病的发生。水质好,大鲵摄食能力强,体质健壮,发病少。

成体池池水的自净能力差,要经常更换池水。一般每天换水量为 2/3。当夏季高温及水质恶化时要将池水排干,再加注新水。

做好保持池水清洁的工作,日常管理中要及时捞除浮在水面上的残饵、污物及死亡大鲵等。保持池水的清洁,防止由于此类物质的腐烂而污染水质。

注意池水中的浮游生物及敌害生物变化情况,浮游生物大量繁殖是造成成体池水质变化和成体发生疾病的主要因素之一。一旦发现池水中浮游生物量较多时,要及时处理,并且进行消毒。

第九章　大鲵病害防治

随着大鲵人工繁殖技术的成熟，子二代批量生产，规模化养殖的扩大，大鲵子代的健康养殖及其病害防治成了实践生产中迫切需要解决的问题。近几年来，关于大鲵患病的报道越来越多，养殖户也不断反映。根据养殖户的陈述结合已有资料，总结目前人工养殖大鲵疾病具有的特点：①疾病种类不断更新；②传播速度快；③危害程度大；④发病范围更广；⑤交叉感染比较严重。目前，大鲵的常见疾病有十多种，腹水病、烂腿病、腐皮病等疾病危害很大。加强大鲵病害防治研究，掌握病害防治技术，可降低大鲵养殖风险，减少经济损失，促进大鲵的繁育和养殖，对于大鲵产业的可持续发展有重要意义。

第一节　大鲵的发病原因

野生大鲵由于生活环境优良，种群密度小，自身抗病能力强，一般很少患病。但是随着我国大鲵养殖业的发展，人工养殖的大鲵数量越来越多。而人工养殖的大鲵抵抗病害的能力比野生大鲵弱，所以一旦养殖场发现疾病，往往是集中式暴发，造成大鲵大量死亡，给养殖者带来很大的经济损失。大鲵病害的发生往往是多个因素综合作用的结果，比如在养殖过程中若饲养管理不当，将会造成一个不利于大鲵生存的环境，使得大鲵机体的适应能力衰退。大鲵不能适应生活环境时，抵御病原体侵袭的能力就会降低，病原体此时乘虚而入，从而导致大鲵产生疾病。由此可见，大鲵发生疾病的原因是由病原体、环境条件、大鲵的易感性和抗病力三者之间相互作用的结果。在养殖过程中，引起大鲵发病的原因有很多，可以分为外因和内因，外因包括环境的变化、病原体的入侵、养殖管理的不善等；而内因则包括大鲵质量不好和大鲵的免疫力下降等。

一、致病微生物入侵机体造成疾病

病原微生物广泛存在于养殖水体中。大鲵皮肤薄，机体易受创伤，此时，水体中病原微生物易侵入鲵体内引发病变。例如荧光假单胞菌、迟钝爱德华菌等均通过大鲵的体表创伤进行入侵感染，体表创伤几乎成为所有致病菌感染大鲵使其患病的主要诱因和途径。

二、养殖池条件较差

养殖池的池壁、池底、隔板、躲藏台、管道、人工洞穴等设施较粗糙，当大鲵活动尤其尾部活动时，可能导致鲵体擦刮、划伤。此外，相关设备和空气不洁净，无通风设施，强光刺激，温度不适或剧烈变化，高温季节养殖池无遮阴、避光或防暑设施，都易诱发大鲵应激、病发而死亡。

三、水质不良

养殖水体的水质主要指大鲵生存场所水体的 pH、溶解氧量、有机质耗氧、透明度以及水体的大肠杆菌含量。水是大鲵生存的必要条件，大鲵对水质的要求较高，已经达到我国人畜饮水的标准。当养殖大鲵的水体污染或水质恶化时，一方面可造成病原微生物大量繁衍、滋生；另一方面可导致大鲵的正常免疫力下降，从而发病。此外，当养殖池使用循环水时，一旦某池中大鲵发病，可能造成疾病的交叉感染。

四、放养不合理

受养殖环境的条件制约，放养时规格不一、分级不当，养殖密度不合理、分池不及时，均可导致发病率上升。大鲵生性凶残好斗，不科学放养会出现以强欺弱，造成机体受伤，病原入侵。

五、饵料问题

饵料来源不明、质量差、不鲜、腐败、不严格消毒，携带病原进入水体感染大鲵。投饵时未遵循“四定”原则，或饵料太单一，可造成大鲵营养缺乏，长期处于亚健康。此外，水体空间活动范围小，饵料利用不均匀，有害物质含量增高，会引起鲵体健康免疫指标下降。

六、鲵种质量差

近亲繁殖造成种质逐渐退化，这种方式生产的鲵苗无生长优势，免疫抵抗力也会下降。苗种未经严格检疫就引购，则可能引入大量弱苗或病苗。

七、应激现象

养殖时常会因环境因素及人为因素的惊扰刺激造成大鲵产生应激现象，这样会导致大鲵抵抗力下降，病原乘机侵入。

八、防治不科学

部分养殖业主的病害预防意识较差，造成大鲵养殖中病害频发。病发后，药物使用不合理，甚至滥用、频用药物，不但没有效果，还引起副作用。

九、管理与技术落后

在大鲵捕捞、转移等过程中操作不合理，造成大鲵受惊甚至受伤，病原乘机感染。养殖时无独立病鲵治疗池，病鲵和健康大鲵同池混养。养殖环境差，鲵池不清洁，残粪、残饵、污渍清除不彻底。此外，水位过浅时，通风过大，大鲵易感冒。水位过深时，养殖池无陆生活动区，大鲵长期生活于水中，违背两栖习性。

第二节　常见大鲵的病害及治疗方法

一、细菌性病害

大鲵细菌性病害较多，常见的有腹胀病、腐皮病、赤皮病、打印病、烂嘴病、烂尾病、烂腿病、肠炎病、疥疮病。这些细菌性病害的症状及其防治研究已有较多的报道。研究表明，引起大鲵细菌性疾病的病原菌可以是一种，也可以是多种。常规的治疗方法主要有口服、口灌、注射、遍洒、浸浴、涂抹等，这些方法在治疗效果方面各有优缺点，应结合病情采用多种方法综合治疗。

(一)腹胀病(又称腹水病)

1.症状

个体浮于水面不能下沉,行动呆滞,不摄食,眼睛变浑,腹部膨胀。严重的腹部朝上,眼珠向外突出,双眼有一层白膜覆盖。解剖检查,发现腹腔积水,积水呈黄褐色或淡绿色,肺部发红充血。有时肛门部位还可见粪便黏着。

2.发病原因

池水水质较差,致使嗜水气单胞菌等病原菌大量滋生。

3.治疗

发现后单独饲养,放浅池水,让其腹部能着底,以免消耗太多体能。另外还要保证水质清新。对于苗种,由于消化功能不强造成此病,停食 1～2 d。处理得当,眼可复明,腹胀消失,恢复健康。对于成鲵,由于内脏感染产生大量腹水,可用 10 000 U/kg 体重的剂量卡那霉素肌肉注射。硫酸庆大霉素(20 000U/kg)、新霉素对此病也均有较好疗效。

4.预防

因饵料腐烂、水质恶化生病,故经常换水可预防此病。勤换水,勤消毒。定期取出大鲵,用 2×10^{-5} 的高锰酸钾溶液进行浸泡,然后注入新鲜水,隔 15 d 彻底消毒一次。

(二)腐皮病(又称皮肤溃烂病)

1.症状

体表有许多油菜籽或绿豆粒大小的白色小点,并逐渐发展成白色斑块状;随着病情的发展,白色斑块进一步腐烂成溃疡状,可见到带红色的肌肉,尤其是四肢最严重。病鲵口腔、尾柄、头部稍充血。病鲵卧伏于池中不食,不久就死亡。解剖检查,肝脏肿大,呈紫红色,胃、肠道充血,心脏失血变淡,肺紫红色。

2.治疗

每立方米水体用0.1 g氟哌酸或用0.2 g二氧化氯消毒，或用0.3 g强氯精消毒，每天换水，连续消毒3 d。对不能摄食的病鲵，按每千克大鲵体重，肌肉注射庆大霉素1 000 U，隔1 d后复注1次。注意庆大霉素不能随意增加用量。对能摄食和不能摄食的病鲵，都可采用2～4 mg/L庆大霉素浸泡，每天浸泡4～8 h，泡到病好为止。也可用恩诺沙星浸泡，浓度也是采用2～4 mg/L。新霉素、氟哌酸、复方新诺明对此病也有疗效。对溃疡面大的，用庆大霉素原粉涂抹。

3.预防

大鲵从外地运入，下池前将大鲵用溶液浓度0.5%的氟哌酸浸泡消毒20～30 min。单独喂养，防止相互攻击咬伤。对相互撕咬受伤的大鲵，要用双氧水洗伤口，然后用溃疡灵软膏涂抹，放在无水搪瓷盆里，过1～2 h后，可放入池中。

腐皮病主要由喂食不健康的青蛙和泥鳅而引起。因此，在投喂活鲜饵料如青蛙、泥鳅和活鱼时要严格消毒。

(三)赤皮病

1.病状

发病的大鲵全身肿胀，呈充血发炎的红斑块和化脓性溃疡。病鲵体表常出现不规则的红色肿块，发病初期于红色肿块中央部位有米粒大小的浅黄色脓包，并逐渐向周围皮肤组织扩散增大。当脓包穿破后，便形成较大的溃烂病灶。解剖检查，肝脏肿大有出血点，肠糜烂，腹水增多。

2.治疗

肌肉注射庆大霉素，连续注射7 d，每天每千克大鲵体重注射15 mg庆大霉素，治愈率达93%。链霉素、氟哌酸有疗效。用增效联胺与卡那霉素内服。每千克大鲵体重用增效联胺50 mg埋入鱼块中投饲,连续 5 d。同时按每千克大鲵体重肌肉注射 1/3 mL 卡那霉素,连续 5 d。

3.预防

每隔 10～15 d,水体用“鱼虾安”消毒 1 次。注意在换水、清池过程中,要防止操作时损伤大鲵的皮肤,否则病菌通过体表伤口入侵感染。养殖中若长期不加新水,势必水质恶化,水体中病菌大量繁殖,也容易侵入大鲵伤口。因此,勤换新水,也可预防此病。

(四)打印病(俗称红梅斑病)

1.症状

病鲵体表出现豆粒似的红斑,呈肿块状,有的表皮腐烂(均在红斑处),患病部位多在背部、尾部,也有少数在躯干和四肢的。被感染了的大鲵多游出人工筑穴,离群独游。解剖检查,心脏、肝、肺无病变。

2.治疗

用红药水涂搽大鲵患病部位和用金霉素针剂肌注鲵体,每千克大鲵体重肌注 3 mg,连续注射 10 d 即可治愈。或按每立方米水体用 1 g 蟾酥和 0.8 g 大黄粉合剂浸泡病鲵 15 min,连续 7 d 即可治愈。

3.预防

因为黄鳝有红梅斑病,如果把大鲵同患病的黄鳝养在一起,易感染此病。

(五)烂嘴病(又称口腔溃烂病)

1.症状

主要病症是口腔溃烂,存在两种类型。一种是病鲵的上、下唇肿大、渗血、溃烂,严重的露出上、下颌骨;另一种是嘴唇外表正常，但口腔内上腭组织形成大块蚀斑，并引起严重出血。也有的病鲵两种症状均有。病鲵长时间不能进食，体质减弱，易引起并发感染而死亡。

2.治疗

发现病鲵后，要及时隔离，病情较轻的，可用庆大霉素4 mg/L连续浸泡10 d，可治愈。病情较重的，先用庆大霉素原粉涂抹患处，1～2 h后，再放入恩诺沙星药液里浸泡，浓度是4 mg/L，每天浸泡8 h，连续浸泡10 d，可治愈。病情严重的，除浸泡外，还要注射庆大霉素，剂量是按每千克病鲵体重1 U。此病如果治疗及时，治愈率较高。

3.预防

此病是由患口腔溃烂病的青蛙传染的，因此在投喂青蛙时，事先要将青蛙严格消毒，最保险的办法是不投喂有病的青蛙。

(六)烂尾病

1.症状

大鲵患此病初期，尾柄基部至尾部末端，常出现红色小点或红色斑块，周围皮肤组织充血发炎，表皮呈灰白色，易腐烂。当病期过长，形成疮样病灶。严重时患处肌肉组织坏死，尾部骨骼外露，常有暗红色或淡黄色液体渗出。病鲵停止进食，伏底不动，不久便死亡。

2.发病原因

水体污染，水中病原微生物侵染大鲵伤处，引发病变；养殖池池壁粗糙，当大鲵尾部不停地摆动爬行时，易使大鲵肌肤、尾部擦伤；放养规格大小悬殊，当饵料缺乏时，个体大的大鲵常常攻击个体小的大鲵；当饵料缺乏必需的营养成分时，会诱发大鲵相互之间的残杀。

3.治疗方法

发现病鲵后，应及时隔离治疗。对病鲵先用高锰酸钾溶液清洗患处（浓度是每立方米加入 20 g 高锰酸钾），随后用溴制剂或氯制剂涂敷患处，每天 1 次，连续 7 d 可治愈。

4.预防

大鲵本来是常年生活在有流水的深山溪流中，水质清洁无污染，但人工饲养水体中常有大量的病菌。当大鲵的皮肤受伤后，病菌就乘虚而入，引起此病。因此，勤换水可以减少此病发生。

（七）烂腿病

1.症状

肢体红肿，严重时脚趾溃烂，甚至彻底烂掉，骨骼裸露，出现断肢。

2.发病原因

擦伤和咬伤所造成的嗜水气单胞菌感染引起。

3.治疗方法

养殖生产过程中将患病大鲵按个体大小隔离饲养，根据药敏试验结果，对于能摄食者，使用注射器将一定浓度的抗菌药如丁胺卡那霉素注入小鱼腹腔中进行饲喂有一定的治疗效果。外用疗法采用高锰酸钾溶液、生理盐水、链霉素浸泡，能够获得明显的治疗效果。

4.预防

防止诱发疾病的条件产生，减少应激因素（如水质改变、水温骤变等），减少有利于致病菌生长繁殖的中间环节。

（八）肠炎病

1.症状

病鲵食欲减退或停食，腹部膨胀，粪便入水即散，泄殖孔周

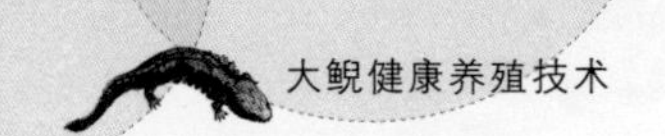

围红肿、外突，肠道充血甚至渗血，最终导致死亡。

2.发病原因

由于饵料变质、水质恶化或大鲵误食变质饵料引起的细菌感染造成的。

3.治疗

全池遍洒溴制剂或土霉素 0.1～0.2 g/m^3，同时可将药物拌入饵料中投喂，连续 3～4 次为一个疗程。

4.预防

勤换水，保持水质良好，投放饵料前严格检查是否有腐败的饵料，没有吃完的饵料应及时捞出防止腐败变质。定期对鲵池进行消毒处理，发现有生病症状的病鲵要及时隔离单独喂养治疗。

(九)疥疮病

1.症状

患病初期，背部皮肤及肌肉组织发炎，随后病灶隆起似脓疮，触摸有浮肿感觉。严重时肌肉出血，渗出体表，继而坏死，形成脓疡，有脓汁，肠道充血发炎。

2.发病原因

感染疥疮型点状产气单胞杆菌，当疥疮部位尚未溃烂，挑开疥疮可见肌肉溃疡或脓血状的液体。涂片检查显微镜下可看到大量的细菌和血球。

3.治疗

每立方米水体用 0.1 g 氟哌酸消毒，每天换水，连续消毒 3 d；每千克大鲵每日用 200 mg 增效联胺拌料投喂，同时，病情严重的大鲵可按每天每千克大鲵肌肉注射 0.5 mL 畜用金霉素针剂，连续数天即可治愈。

4.预防

在捕捞运输、放养等操作过程中，切忌使鲵体受伤，每立方米水体用食盐和碳酸氢钠各 400 g 混合均匀药浴鲵体 15～20 min,可消毒受伤部位,防止细菌感染。

二、真菌病

水霉病是最常见大鲵真菌病之一。大鲵水霉病(*Saprolegniasis*)病原有多种,常见的为水霉属(*Saprolegnia*)、绵霉属(*Achlya*)、细囊霉属(*Leptolegnia*)、丝囊霉属(*Aphanomyces*)。水霉病传播感染力极强。致病菌对宿主无严格选择性,各种水产动物包括大鲵,从卵到各龄成体等都可感染,且极易发生大规模传染并迅速蔓延,造成大量宿主死亡,危害特别严重。

1.症状

病鲵体表生出棉毛状的灰白色菌丝,开始时能见灰白色斑点,菌丝继续生长长度可达 3 cm,如棉花絮在水中呈放射状,菌丝体清晰可见。严重时病鲵行动迟缓,食欲减退,身体消瘦甚至死亡。

2.治疗

对病鲵可用 10%高锰酸钾溶液或 10%甲苯咪唑涂抹患处,放到阴凉处 1～2 h 后,再放入水中,同时内服左旋咪唑,每公斤饲料(饲料)添加 0.4～0.6 g。过两天以后,如还有水霉,可再涂 1 次。另外,也可将病鲵用 4 mg/L 甲苯咪唑浸泡 8 h 以上。也可将病鲵用 10 mg/L 甲苯咪唑浸泡 15～20 min,并在患处涂抹 1‰甲苯咪唑软膏。对于鳃部和腹部患水霉病的鲵苗,用 0. 5 mg/L甲苯咪唑溶液浸泡 2～3 min,如果鲵苗在溶液中显得烦躁狂游,则应降低浓度。克霉唑乳膏对水霉病也有较好疗效。

大鲵饲养和繁殖的最佳水温约为 20 ℃,要求水质清新。这种条件也适合水霉病生长。因此,大鲵卵的孵化中,如果有受精卵患了水霉病，可将病卵用 5～10 mg/L 甲苯咪唑浸泡 10 min 以后，再将浸泡过的病卵单独孵化。

3.预防

搬运和养殖过程中防止大鲵受伤。对于受伤的大鲵，用 1%甲苯咪唑膏或溃疡灵软膏直接涂抹伤处。对于正在孵化的鲵卵，要将未受精的卵带剪断剔出。所用剪刀应事先在 10%高锰酸钾溶液里浸泡消毒。孵化工具事先用 50 g/L 食盐水浸泡；在幼苗放养前，用 4%～5%盐水药浴 1～3 min。

三、病毒性疾病

目前报道过的大鲵病毒性疾病的病原只有一种，属于大鲵虹彩病毒科蛙病毒属。

1.症状

患病大鲵的头部和四肢肿大、溃烂、坏死，腹部出现腹水、膨大，有含血液体或淡黄色液体从泄殖孔排出。皮肤上出现白点、出血斑及溃疡，局灶性坏死，用抗生素治疗无效。

2.治疗

用 0.5 g/m^3 聚维酮碘溶液浸泡；板蓝根、大青叶、大黄、黄芪、黄柏、鱼腥草、连翘、黄连、贯众等煎药浸泡；口服病毒唑、呼肠舒、维力康等。治疗时，所有的养殖用具均分开使用，工作人员进出养殖场必须有消毒措施，避免病毒随之进出。

四、寄生虫病

目前报道的寄生虫病主要有四种，分别是吸虫病、线虫病、车轮虫病、艾美虫病。患病大鲵一般表现为活力差、体消瘦、食欲下降。这四种寄生虫病有各自特点。车轮虫主要寄生在皮肤和鳃,损害发病部位,破坏这些组织器官的生理功能。艾美虫寄生时,可导致大鲵肠道变粗,肠壁病灶出现灰白色呈小结节,组织充血发炎,甚至出现肠穿孔。

(一)吸虫病

1.症状

病鲵体质消瘦,体表黏液过多,行动呆滞。

2.治疗

寄生在大鲵体内的吸虫有很多种,已报道的有:贵阳拟牛头吸虫、无棘吸虫、东方后槽吸虫、椭圆大鲵吸虫、马边鲵居吸虫、沐川鲵居吸虫、短肠中肠吸虫。多数种类寄生在大鲵肠壁的黏膜层,引起肠壁红肿发炎,少数种类寄生在胃里。如果是吸虫少量寄生,对大鲵影响不大。如果是吸虫大量寄生,易堵塞肠道,并引起肠胃穿孔。可参考兽医治疗吸虫的方法,用吡喹酮、硝硫氰醚等药物治疗。

3.预防

可用敌百虫消毒池子(由于大鲵对敌百虫敏感,可先把大鲵移出,待池子消毒清洗后,再把大鲵移入)杀死水体里的寄生虫卵及幼虫。特别是夏、秋两季要加强预防,定期在饵料里包埋驱虫剂(例如在新鲜猪肝里包埋灭虫精)以杀死体内寄生虫。对于在野外捞取的青蛙、螺、蚌等都要经过消毒后方可投喂(最好是煮熟了投喂)。

(二)线虫病

1.症状

寄生在大鲵皮下的线虫,导致的发病部位在四肢、背部、腹部、尾部,4～5 月在躯干部(尤其是两侧)有线虫寄生。触及患部,大鲵有疼痛反应。此时大鲵多不进食,行动减少,并逐渐消瘦。也有线虫寄生在大鲵的肠道,主要寄生在前肠的肌肉层,线虫头部钻入肠壁,破坏组织,吸取组织营养。还有线虫寄生在小肠、直肠。还有寄生在胆囊内的线虫。

2.治疗

寄生在大鲵体内的线虫有很多种,如城固卷尾线毛细线虫等。单纯患线虫病,如果寄生虫数少,一般不会引起死亡。治疗方法可参考兽医治疗线虫的方法,用甲苯咪唑、丙硫咪唑等药物包埋在新鲜猪肝里喂大鲵,达到驱虫的效果。

3.预防

在夏、秋两季,定期在饵料里埋驱虫灵或灭虫精,以杀死体内寄生虫。对青蛙、水蛇、螺、蚌等饵料要煮熟后投喂。

(三)车轮虫病

1.症状

大量感染车轮虫的大鲵蝌蚪,身体消瘦,生长减慢,游动迟缓,食欲不良,体表充血,严重时会造成死亡。用显微镜检查病鲵蝌蚪皮肤和鳃,确认车轮虫及其数量,即可做出诊断。该病比较普遍,主要危害大鲵蝌蚪,病鲵蝌蚪全年可见,但以春季和夏季较多。

2.发病原因

该病由车轮虫属的车轮虫寄生而引起。感染车轮虫,其主要寄生在大鲵蝌蚪的皮肤和鳃上,以吸收蝌蚪皮肤和鳃的组织细胞为营养,损伤皮肤和鳃组织。鳃丝肿胀充血,黏液分泌过多,影响呼吸和生长。

3.防治

用 30 mg/L 的福尔马林稀释后全池泼洒,药浴 8 h,极为有效,但对水质影响较大,故 8 h 后要换水。或用 0.7 mg/L 的硫酸铜、硫酸亚铁合剂(5∶2)全池泼洒。

（四）艾美虫病

1.症状

病鲵腹部膨大，食欲下降，行动迟缓。解剖死鲵，肠壁内可见灰白色的小结节。将病灶部位小结节取下，置于显微镜下检查，如这些小结节是艾美虫的卵囊群集而成，便可确认艾美虫病。

2.发病原因

感染球虫目、艾美虫亚目、艾美虫科、艾美虫属病原体。

3.治疗

每千克体重的大鲵用0.8 g乙酰甲胺拌料投喂，连续6 d。或每千克体重的大鲵用硫黄粉0.1 g拌料投喂，连续5 d。

4.防治

每千克体重的大鲵用有机碘2.8 g拌料投喂，连续5天。

五、其他常见病害

（一）机体损伤

主要由于大鲵相互争斗或人工操作不当引起，幼鲵和成鲵均可发生。受伤后，一则胃渣吐出，造成水质恶化，二则病原乘机而入。出现损伤时，应及时隔离，对创伤部位进行消毒消炎处理。

（二）肺气肿

发病原因主要是水质恶化、水位过深等。病鲵肺部肿大，漂浮水面，可并发细菌感染产生腹水。一经发现，应保证病鲵呼吸通畅并进行针对性治疗。

(三)消化道感染

大鲵误食质差、腐败、未消毒的饵料，可出现消化道疾病，病鲵摄食不正常、腹胀、肠胃发炎充血、肛门红肿。防治时，可投喂药饵，并彻底清池。

(四)气泡病

大鲵误食饵料发酵所产生的气体或者水体中氧、氮形成的气泡，可能出现此病。病鲵通常身体失衡、行动迟缓、体表出现气泡，严重时衰竭死亡。防治措施包括水体曝气，全池泼洒黄泥至池水变浑浊，加食盐 1.5～3 mg/L 浸泡病鲵。

(五)浮头

主要由于水质不良、缺氧引起。病鲵呼吸艰难，头部浮出水面或爬附池壁。防治时，需及时换水与增氧。

(六)吐食

当水质不达标准，放养密度过大，大鲵误食腐败饵料或受惊吓时可引起吐食。防治时，应保持水质清新，注意放养密度和饵料质量，尽量减少刺激。

(七)感冒

温度剧变可引起大鲵发生感冒。防治时，应监控水温变化，特别是在转池和换水时多加注意。

(八)碱中毒

新建池应注意调整好水质，特别是 pH。通常，新建池偏弱碱，易诱发大鲵碱中毒。因此，新建池需要不断换水浸泡，着生附着物后才放养鲵苗。

(九)生理机能失调

主要包括大鲵缺乏维生素或微量元素导致的营养不良,添加剂过量导致内分泌紊乱与生理失调。在日常管理中,应注意饵料质量并适量补充营养物质。

(十)脊椎弯曲病

身体呈“S”形弯曲,活力减弱,但仍能少量摄食。解剖检查,除脊椎弯曲外,无明显异常。从苗种到成鲵都可发生此病。发病的原因可能是缺乏某种矿物质或因生理病变造成的。苗种阶段发生这病后,大部分未到成鲵阶段就死亡。成鲵发生这病后,病体极消瘦,但一般不会马上死亡。

此病治疗以预防为主,发病后很难恢复。投饵要多样化,使大鲵所需的多种矿物质和维生素能得到满足。另外,要改良水质,使水体里不含重金属盐类,因为重金属盐类有毒,可刺激大鲵的神经和肌肉收缩,造成脊椎弯曲病。

这类疾病虽无传染性,但对大鲵的危害相当严重,除了可以直接造成死亡外,还可能诱导病原体继发性感染,出现大量死亡现象,应予以重视。

第三节 大鲵病害的综合预防措施

大鲵的健康养殖,关键在于正确而有效的预防,否则养殖场将疾病丛生。动物发病通常是由于病原、机体与环境三方面因素相互作用的结果,即只有在病原存在且机体失去抵抗力时动物才会发病。所以,预防工作要从以下几方面着手。

一、养殖设施修建应符合防病要求

在选址和建造养殖池时，要按照仿生态的要求修建养殖场，在注意防偷、防逃、防毒、防污染、防紧急事故的同时，特别要注意防病害。应选择水源充足、排注水方便、环境洁净，最好是选择在山高林密、常年有泉水的林区建造养鲵场。养殖池必须符合大鲵生物学习性，应有管、洞、穴以提供适宜的栖息环境，修建独立病鲵隔离池，切勿将病鲵和健康大鲵混养，进排水系统保持独立并易于清洗。

二、保持适宜的养殖环境

尽量模拟自然环境，定时巡查环境，记录相关环境指标，发现不正常现象，必须及时采取相应措施。保持养殖环境阴凉、安静、清洁、空气流通，注意光照柔弱。夏季增加遮阴、避光及防暑设施，使水温保持在 18～22 ℃。养殖池的池底、四周、管洞穴等设施和各种用具应保持光滑，并黏附一层光滑附着物，防止鲵体损伤。定期全池清污和消毒杀菌，以保持养殖池清洁，特别对管洞、死角等易残留污垢、废物的地方更要仔细清理。

三、做好养殖水体的监控

大鲵养殖用水要新、净、活、清、凉、足。时刻监控水体环境，控制污染源，保持水体的温度、pH、透明度、硬度、有机物等的指标正常，定期换水或流水养殖。流水养殖时应保持水流细缓，调节水位，不得过深或过浅。同时，对养殖水体消毒杀菌，防止水质恶化和病原滋生。

四、注重鲵种鉴定和健康养殖

在繁育鲵苗时,需引进不同来源的亲鲵进行人工繁殖,以保证鲵苗质量。优质的大鲵苗种应该是机体健壮、肌肉肥厚、体表无伤痕和体内无寄生虫,未变态前外鳃完整无病变。反之,则为劣质鲵苗。引进鲵苗需严格检疫,以免外来病原传入。放养前,隔离驯养并彻底消毒以确保鲵苗健康。放养后,也要定期消毒杀菌。严格控制放养规格、密度,及时分池,防止相互伤残。在大鲵捕捞、放养、转移时要小心操作,防止鲵体受伤。在养殖过程中,避免环境剧变和人工操作惊扰,这些刺激可导致大鲵产生应激反应。

五、加强饵料管理和科学饲养

大鲵饵料以鲜活的鱼、虾、蟹、蛙及动物内脏为好,必须确保饵料来源安全,饵料易携带病原,要进行消毒杀菌处理以确保饵料无病、无毒、无害。饲料应多样化,投喂新鲜优质适口饵料,添加适量维生素、微量元素和必需氨基酸,确保营养全面,利于增强机体抵抗力。投喂时,严格执行“四定”原则即“定时、定位、定质、定量”。需增设饵料台,要求每个大鲵摄食足够,不要直接投喂水体中,避免污染水体,浪费饵料。观察记录摄食情况,及时清除残粪残饵。另外,在大鲵吃食时,应尽量保证大鲵不受惊吓,避免其吐食。

六、采用适当的预防药物

以往的研究曾证实,有些化学药物和中草药制剂对大鲵病

害具有较好的预防效果。这些药物通常可作为消毒剂使用,如碳酸氢钠、高锰酸钾、氟哌酸、双链季铵盐络合碘、亚甲基蓝、含氯消毒剂(如漂白粉、强氯精、二氧化氯、二氯异氰尿酸钠)以及中草药制剂“鱼虾安”“菌态康”等,广泛用于大鲵疾病的预防,对某些病原有一定的杀灭作用。

第四节　大鲵病害研究的展望

一、加强大鲵新型渔用药物的研究

目前,在大鲵病害防治中仍大量使用化学药物和抗生素,这些药物长期滥用可导致耐药性、菌群失调、药物残留等副作用。应该根据病鲵的发病特点进行科学诊断,通过药敏实验选择毒副作用小的药物,并采用适当的给药方式用于防治,避免使用猛药、不合理混用药物,长期治疗可更替用药。未来,大鲵病害防治的发展趋势是以抗生素和化学药物为主的防治手段将逐渐被禁用和取缔,以提高免疫力为根本目标的新型渔用药物符合环境友好和可持续发展战略,将成为大鲵病害的先进防治手段。因此,无公害防治技术将成为未来大鲵病害防治研究的重点,新型渔用药物是大鲵病害无公害防治的必然选择,这将彻底改变目前抗生素或化学药物滥用的局面。这些新型渔用药物主要包括中草药制剂、疫苗、免疫促进剂、干扰素、抗菌肽、微生态制剂等。

二、加强大鲵新型饵料的研究

至今在大鲵养殖过程中主要使用生物饵料,这些生物饵料存在诸多弊端。首先,生物饵料培养或购买时成本较高。其次,鱼、虾、蛙及屠宰下脚料等生物饵料易携带病原进入水体引起大鲵患病。此外,生物饵料的质量不易监控,可能时好时坏,且饵料利用效率较低,导致大鲵摄食不合理,产生大量残饵污染水体。因此,必须加强对新型饵料的研究,这方面的研究至今所见不多。新型饵料具有无公害、无污染、无药物残留等特点,能够增强大鲵免疫抵抗力,有效预防病害,减小环境影响,更能够缩小成本,提高经济效益。在研制新型饵料时,可根据大鲵的营养需求特点,设计合理的饵料营养配方,注意适量添加维生素、微量元素及必需氨基酸,尤其是要添加能提高免疫力的物质如中草药等,促进大鲵健康生长,有效预防病害。

三、加强培育优良品种的研究

由于大鲵分布的地理限制,造成大鲵繁育时近亲繁殖较为严重,导致种质退化,抗病能力减弱。要有效防止大鲵养殖中的病害发生,最根本应当从提高大鲵种质质量入手,着重加强健康鲵苗生产,选择来源不同的健壮亲鲵进行人工繁殖,避免近亲交配。特别是在大鲵的育种研究中,要注重抗病品种的培育,利用人工繁殖手段和生物技术手段,培育出抗病能力强的优良品种。

第十章　大鲵养殖的办证程序

《中华人民共和国野生动物保护法》《中华人民共和国水生野生动物保护实施条例》以及《中华人民共和国水生野生动物利用特许办法》等有关法律法规规定，从事大鲵驯养繁殖的单位和个人，必须先取得渔政部门核发的《中华人民共和国水生野生动物驯养繁殖许可证》。省渔政部门为审批单位；省辖市、县(市、区)渔业行政主管部门或渔业监督管理机构为其辖区内审核单位。

一、驯养大鲵的基本条件

第一，有完善的大鲵驯养繁殖相关资料，并熟练掌握大鲵驯养繁殖技术，相关工作人员有一定的工作经历。

第二，驯养繁殖单位法定代表人明确，主要管理人员无相关违法记录；财务、生产、实验等管理制度完善，有合理运作养殖单位的能力。

第三，用于养殖的大鲵亲本来源合法、产地清晰，严禁从保护区及自然界非法捕捉大鲵。

第四，用于驯养繁殖大鲵的场所设施合理，符合大鲵生活繁殖习性。

二、驯养大鲵的法律条件

根据《中华人民共和国野生动物保护法》(2018 年 10 月 26 日，第十三届全国人民代表大会常务委员会第六次会议通过)的第二十五条规定："人工繁育国家重点保护野生动物的，应当经省、自治区、直辖市人民政府野生动物保护主管部门批准，取得人工繁育许可证，但国务院对批准机关另有规定的除外。”所以养殖大鲵前必须事先向有关部门申请获取养殖许可证。具体做法是养殖户向县、市(行署)政府渔业行政主管部门(如陕西、四川等为水利局，湖南、湖北等为畜牧水产局)提出申请，经审核，报省政府渔业行政主管部门批准，获取许可证，方可养殖，否则视为非法。

三、申请驯养繁殖大鲵需要提供的材料

申请过程中需要准备的材料有：

(1)中华人民共和国水生野生动物利用特许证件申请表。

(2)公司营业执照或法人代表身份证复印件。

(3)大鲵亲本来源证明材料：包括供货合同或协议复印件、大鲵亲本来源地省级渔业行政主管部门或渔政监督管理机构办理的《经营利用证》复印件、农业部对大鲵子二代的鉴定文件。

(4)资金保障、土地使用权证明材料。

(5)大鲵驯养繁殖技术资料和养殖发展规划。

以上材料各地要求不尽相同，有些地区要求达到一定的投资金额才可驯养繁殖大鲵，也有些地区申请养殖时对子二代苗种数量有一定的要求。

四、申请驯养繁殖证的程序

首先，申请单位或个人将完整的申请材料报至所在县(市、区)渔业行政主管部门或者渔业监督管理机构，由其初审并实地考察，签署初审意见后报至所在地省、直辖市渔业行政主管

部门或渔政监督管理机构。

其后，省、直辖市渔业行政主管部门或渔政监督管理机构对申请材料进行审核，签署审核意见后报至省渔政监督管理机构审批。

最后，省级渔政渔船检验监督管理局组织专家组对申请材料进行评估和实地考察后审批。

五、水生野生动物利用

凡需要捕捉、人工繁育以及展览、表演、出售、收购、进出口等利用水生野生动物或其制品的按《中华人民共和国水生野生动物利用特许办法(2017 年修订)》(农业部令 2017 年第 8 号)规定执行。

六、其他

若需办理大鲵经营销售，基本程序如下：

凡申请捕捉水生野生动物的，应当如实填写《申请表》，并随表附报有关证明材料：

(1)因科研、调查、监测、医药生产需要捕捉的，必须附上省级以上有关部门下达的科研、调查、监测、医药生产计划或任务书复印件 1 份，原件备查；

(2)因驯养繁殖需要捕捉的，必须附上《驯养繁殖证》复印件 1 份；

(3)因驯养繁殖、展览、表演、医药生产需捕捉的，必须附上单位营业执照或其他有效证件复印件 1 份；

(4)因国际交往捐赠、交换需要捕捉的，必须附上当地县级以上渔业行政主管部门或外事部门出具的公函证明原件 1 份、复印件 1 份。

申请驯养繁殖国家二级保护水生野生动物的，应当将向省级人民政府渔业行政主管部门申请。

出口水生野生动物或其产品涉及国内运输、携带、邮寄的，申请人凭同意出口批件到始发地省级渔业行政主管部门或其授权单位办理《运输证》。进口水生野生动物或其产品涉及国内运输、携带、邮寄的，申请人凭同意进口批件到入境口岸所在地省级渔业行政主管部门或其授权单位办理《运输证》。经批准捐赠、转让、交换水生野生动物或其产品的运输，申请人凭同意捐赠、转让、交换批件到始发地省级渔业行政主管部门或者其授权单位办理《运输证》。经批准收购水生野生动物或其产品的运输，申请人凭《经营利用证》和出售单位出具的出售物种种类及数量证明，到收购所在地省级渔业行政主管部门或者其授权单位办理《运输证》。跨省展览、表演水生野生动物或其产品的运输，申请人凭展览、表演地省级渔业行政主管部门同意接纳展览、表演的证明到始发地省级渔业行政主管部门办理前往《运输证》；展览、表演结束后，申请人凭同意接纳展览、表演的证明及前往《运输证》回执到展览、表演地省级渔业行政主管部门办理返回《运输证》。

附　录

附录Ⅰ

无公害食品渔用配合饲料安全限量

NY 5072--2002

1 范围

本标准规定了渔用配合饲料安全限量的要求、试验方法、检验规则。

本标准适用于渔用配合饲料的成品，其他形式的渔用饲料可参照执行。

2 规范性引用文件

下列文件中的条款通过本标准的引用而成为本标准的条款。凡是注日期的引用文件，其随后所有的修改单(不包括勘误的内容)或修订版均不适用于本标准，然而，鼓励根据本标准达成协议的各方研究是否可使用这些文件的最新版本。凡是不注日期的引用文件，其最新版本适用于本标准。

GB/T 5009.45—1996　水产品卫生标准的分析方法

GB/T 8381—1987　饲料中黄曲霉素 B_1 的测定

GB/T 9675—1988　海产食品中多氯联苯的测定方法

GB/T 13080—1991　饲料中铅的测定方法

GB/T 13081—1991　饲料中汞的测定方法

GB/T 13082—1991　饲料中镉的测定方法

GB/T 13083—1991　饲料中氟的测定方法

GB/T 13084—1991　饲料中氰化物的测定方法

GB/T 13086—1991　饲料中游离棉酚的测定方法

GB/T 13087—1991　饲料中异硫氰酸酯的测定方法

GB/T 13088—1991　饲料中铬的测定方法

GB/T 13089—1991　饲料中恶唑烷硫酮的测定方法

GB/T 13090—1999　饲料中六六六、滴滴涕的测定方法

GB/T 13091—1991　饲料中沙门氏菌的检验方法

GB/T 13092—1991　饲料中霉菌的检验方法

GB/T 14699.1—1993　饲料采样方法

GB/T 17480—1998　饲料中黄曲霉毒素 B_1 的测定　酶联免疫吸附法

NY 5071 无公害食品　渔用药物使用准则

SC 3501—1996　鱼粉

SC/T 3502　鱼油

《饲料药物添加剂使用规范》中华人民共和国农业部公告(2001)第〔168〕号

《禁止在饲料和动物饮用水中使用的药物品种目录》中华人民共和国农业部公告(2002)第〔176〕号

《食品动物禁用的兽药及其他化合物清单》中华人民共和国农业部公告(2002)第〔193〕号

3 要求

3.1 原料要求

3.1.1 加工渔用饲料所用原料应符合各类原料标准的规定，不得使用受潮、发霉、生虫、腐败变质及受到石油、农药、有害金属等污染的原料。

3.1.2 皮革粉应经过脱铬、脱毒处理。

3.1.3 大豆原料应经过破坏蛋白酶抑制因子的处理。

3.1.4 鱼粉的质量应符合 SC 3501 的规定。

3.1.5 鱼油的质量应符合 SC/T 3502 中二级精制鱼油的要求。

3.1.6 使用的药物添加剂种类及用量应符合 NY 5071、《饲料药物添加剂使用规范》《禁止在饲料和动物饮用水中使用的药物品种目录》《食品动物禁用的兽药及其他化合物清单》的规定;若有新的公告发布,按新规定执行。

3.2 安全指标

渔用配合饲料的安全指标限量应符合表 1 规定。

表 1 渔用配合饲料的安全指标限量

项目	限量	适用范围
铅(以 Pb 计)/(mg/kg)	≤5.0	各类渔用配合饲料
汞(以 Hg 计)/(mg/kg)	≤0.5	各类渔用配合饲料
无机砷(以 As 计)/(mg/kg)	≤3	各类渔用配合饲料
镉(以 Cd 计)/(mg/kg)	≤3	海水鱼类、虾类配合饲料
	≤0.5	其他渔用配合饲料
铬(以 Cr 计)/(mg/kg)	≤10	各类渔用配合饲料
氟(以 F 计)/(mg/kg)	≤350	各类渔用配合饲料
游离棉酚/(mg/kg)	≤300	温水杂食性鱼类、虾类配合饲料
	≤150	冷水性鱼类、海水鱼类配合饲料
氰化物/(mg/kg)	≤50	各类渔用配合饲料
多氯联苯/(mg/kg)	≤0.3	各类渔用配合饲料
异硫氰酸酯/(mg/kg)	≤500	各类渔用配合饲料

续表

项　目	限　量	适用范围
恶喹烷硫酮/(mg/kg)	≤500	各类渔用配合饲料
油脂酸价(KOH)/(mg/g)	≤2	渔用育苗配合饲料
	≤6	渔用育成配合饲料
	≤3	鳗鲡育成配合饲料
黄曲霉毒素 B_1/(mg/kg)	≤0.01	各类渔用配合饲料
六六六/(mg/kg)	≤0.3	各类渔用配合饲料
滴滴涕/(mg/kg)	≤0.2	各类渔用配合饲料
沙门氏菌/(cfu/25 g)	不得检出	各类渔用配合饲料
霉菌/(cfu/g)	$\leq 3\times10^4$	各类渔用配合饲料

4 检验方法

4.1 铅的测定

按 GB/T 13080—1991 规定进行。

4.2 汞的测定

按 GB/T 13081—1991 规定进行。

4.3 无机砷的测定

按 GB/T 5009.45—1996 规定进行。

4.4 镉的测定

按 GB/T 13082—1991 规定进行。

4.5 铬的测定

按 GB/T 13088—1991 规定进行。

4.6 氟的测定

按 GB/T 13083—1991 规定进行。

4.7 游离棉酚的测定

按 GB/T 13086—1991 规定进行。

4.8 氰化物的测定

按 GB/T 13084—1991 规定进行。

4.9 多氯联苯的测定

按 GB/T 9675—1988 规定进行。

4.10 异硫氰酸酯的测定

按 GB/T 13087—1991 规定进行。

4.11 恶唑烷硫酮的测定

按 GB/T 13089—1991 规定进行。

4.12 油脂酸价的测定

按 SC 3501—1996 规定进行。

4.13 黄曲霉毒素 B_1 的测定

按 GB/T 8381—1987、GB/T 17480—1998 规定进行，其中 GB/T 8381—1987 为仲裁方法。

4.14 六六六、滴滴涕的测定

按 GB/T 13090—1991 规定进行。

4.15 沙门氏菌的检验

按 GB/T 13091—1991 规定进行。

4.16 霉菌的检验

按 GB/T 13092—1991 规定进行，注意计数时不应计入酵母菌。

5 检验规则

5.1 组批

以生产企业中每天(班)生产的成品为一检验批，按批号抽样。在销售者或用户处按产品出厂包装的标示批号抽样。

5.2 抽样

渔用配合饲料产品的抽样按 GB/T 14699.1—1993 规定执行。

批量在 1 t 以下时,按其袋数的四分之一抽取。批量在 1 t 以上时,抽样袋数不少于 10 袋。沿堆积立面以“×”形或“W”形对各袋抽取。产品未堆垛时应在各部位随机抽取,样品抽取时一般应用钢管或铜制管制成的槽形取样器。由各袋取出的样品应充分混匀后按四分法分别留样。每批饲料的检验用样品不少于 500 g。另有同样数量的样品作留样备查。

作为抽样应有记录,内容包括:样品名称、型号、抽样时间、地点、产品批号、抽样数量、抽样人签字等。

5.3 判定

5.3.1 渔用配合饲料中所检的各项安全指标均应符合标准要求。

5.3.2 所检安全指标中有一项不符合标准规定时,允许加倍抽样将此项指标复验一次,按复验结果判定本批产品是否合格。经复检后所检指标仍不合格的产品则判为不合格品。

附录Ⅱ

无公害食品渔用药物使用准则

NY 5071－2002

1 范围

本标准规定了渔用药物使用的基本原则、渔用药物的使用方法以及禁用渔药。

本标准适用于水产增养殖中的健康管理及病害控制过程中的渔药使用。

2 规范性引用文件

下列文件中的条款通过本标准的引用而成为本标准的条款。凡是注日期的引用文件，其随后所有的修改单(不包括勘误的内容)或修订版均不适用于本标准，然而，鼓励根据本标准达成协议的各方研究是否可使用这些文件的最新版本。凡是不注日期的引用文件，其最新版本适用于本标准。

NY 5070 无公害食品　水产品中渔药残留限量

NY 5072 无公害食品　渔用配合饲料安全限量

3 术语和定义

下列术语和定义适用于本标准。

3.1 渔用药物　fishery drugs

用以预防、控制和治疗水产动植物的病、虫、害，促进养殖品种健康生长，增强机体抗病能力以及改善养殖水体质量的一切物质，简称“渔药”。

3.2 生物源渔药　biogenic fishery medicines

直接利用生物活体或生物代谢过程中产生的具有生物活性的物质或从生物体提取的物质作为防治水产动物病害的渔药。

3.3 渔用生物制品　fishery biopreparate

应用天然或人工改造的微生物、寄生虫、生物毒素或生物组织及其代谢产物为原材料，采用生物学、分子生物学或生物化学等相关技术制成的、用于预防、诊断和治疗水产动物传染病和其他有关疾病的生物制剂。它的效价或安全性应采用生物学方法检定并有严格的可靠性。

3.4 休药期　withdrawal time

最后停止给药日至水产品作为食品上市出售的最短时间。

4 渔用药物使用基本原则

4.1 渔用药物的使用应以不危害人类健康和不破坏水域生态环境为基本原则。

4.2 水生动植物增养殖过程中对病虫害的防治，坚持“以防为主，防治结合”。

4.3 渔药的使用应严格遵循国家和有关部门的有关规定，严禁生产、销售和使用未经取得生产许可证、批准文号与没有生产执行标准的渔药。

4.4 积极鼓励研制、生产和使用“三效”(高效、速效、长效)、“三小”(毒性小、副作用小、用量小)的渔药，提倡使用水产专用渔药、生物源渔药和渔用生物制品。

4.5 病害发生时应对症用药，防止滥用渔药与盲目增大用药量或增加用药次数、延长用药时间。

4.6 食用鱼上市前，应有相应的休药期。休药期的长短，应确保上市水产品的药物残留限量符合 NY 5070 要求。

4.7 水产饲料中药物的添加应符合 NY 5072 要求，不得选用国家规定禁止使用的药物或添加剂，也不得在饲料中长期添加抗菌药物。

5 渔用药物使用方法

各类渔用药物的使用方法见表 1。

表 1 渔用药物使用方法

渔药名称	用途	用法与用量	休药期/天	注意事项
氧化钙（生石灰）	用于改善池塘环境，清除敌害生物及预防部分细菌性鱼病	带水清塘：200 mg/L～250 mg/L（虾类：350 mg/L～400 mg/L） 全池泼洒：20 mg/L～25 mg/L（虾类：15 mg/L～30 mg/L）		不能与漂白粉、有机氯、重金属盐、有机络合物混用
漂白粉	用于清塘、改善池塘环境及防治细菌性皮肤病、烂鳃病、出血病	带水清塘：200 mg/L 全池泼洒：1.0 mg/L～1.5 mg/L	≥5	1.勿用金属容器盛装 2.勿用酸、铵盐、生石灰混用
二氯异氰尿酸钠	用于清塘及防治细菌性皮肤溃疡病、烂鳃病、出血病	全池泼洒：0.3 mg/L～0.6 mg/L	≥10	勿用金属容器盛装

续表

渔药名称	用途	用法与用量	休药期/天	注意事项
三氯异氰尿酸	用于清塘及防治细菌性皮肤溃疡病、烂鳃病、出血病	全池泼洒:0.2 mg/L～0.5 mg/L	≥10	1.勿用金属容器盛装 2.针对不同的鱼类和水体的pH，使用量应适当增减
二氧化氯	用于防治细菌性皮肤病、烂鳃病、出血病	浸浴:20 mg/L～40 mg/L,5 min～10 min 全池泼洒:0.1 mg/L～0.2 mg/L，严重时0.3 mg/L～0.6 mg/L	≥10	1.勿用金属容器盛装 2.勿与其他消毒剂混用
二溴海因	用于防治细菌性和病毒性疾病	全池泼洒:0.2 mg/L～0.3 mg/L		
氯化钠（食盐）	用于防治细菌、真菌或寄生虫疾病	浸浴1%～3%，5 min～20 min		
硫酸铜（蓝矾、胆矾、石胆）	用于治疗纤毛虫、鞭毛虫等寄生性原虫病	浸浴:8 mg/L(海水鱼类:8 mg/L～10 mg/L)，15 min～30 min 全池泼洒:0.5 mg/L～0.7 mg/L(海水鱼类:0.7 mg/L～1.0 mg/L)		1.常与硫酸亚铁合用 2.广东鲂慎用 3.勿用金属容器盛装 4.使用后注意池塘增氧 5.不宜用于治疗小瓜虫病

续表

渔药名称	用途	用法与用量	休药期/天	注意事项
硫酸亚铁(硫酸低铁、绿矾、青矾)	用于治疗纤毛虫、鞭毛虫等寄生性原虫病	全池泼洒:0.2 mg/L(与硫酸铜合用)		1.治疗寄生性原虫病时需与硫酸铜合用 2.乌鳢慎用
高锰酸钾(锰酸钾、灰锰氧、锰强灰)	用于杀灭锚头鳋	浸浴:10 mg/L~20 mg/L,15 min~30 min 全池泼洒:4 mg/L~7 mg/L		1.水中有机物含量高时药效降低 2.不宜在强烈阳光下使用
四烷基季铵盐络合碘(季铵盐含量为50%)	对病毒、细菌、纤毛虫、藻类有杀灭作用	全池泼洒:0.3 mg/L(虾类相同)		1.勿与碱性物质同时使用。 2.勿与阴性离子表面活性剂使混用。 3.使用后注意池塘增氧。 4.勿用金属容器盛装。
大蒜	用于防治细菌性肠炎	拌饵投喂:10 g/kg体重~30 g/kg体重,连用4 d~6 d(海水鱼类相同)		
大蒜素粉(含大蒜素10%)	用于防治细菌性肠炎	0.2 g/kg体重,连用4 g~6 d(海水鱼类相同)		

续表

渔药名称	用途	用法与用量	休药期/天	注意事项
大黄	用于防治细菌性肠炎、烂鳃	全池泼洒:2.5 mg/L～4.0 mg/L(海水鱼类相同) 拌饵投喂:5 g/kg体重～10 g/kg体重,连用4 d～6 d(海水鱼类相同)		投喂时常与黄芩、黄柏合用(三者比例为5∶2∶3)。
黄芩	用于防治细菌性肠炎、烂鳃、赤皮、出血病	拌饵投喂:2 g/kg体重～4 g/kg体重,连用4 d～6 d(海水鱼类相同)		投喂时需与大黄、黄柏合用(三者比例为2∶5∶3)。
黄柏	用于防治细菌性肠炎、出血	拌饵投喂:3 g/kg体重～6 g/kg体重,连用4 d～6 d(海水鱼类相同)		投喂时需与大黄、黄芩合用(三者比例为3∶5∶2)。
五倍子	用于防治细菌性烂鳃、赤皮、白皮、疖疮	全池泼洒:2 mg/L～4 mg/L(海水鱼类相同)		
穿心莲	用于防治细菌性肠炎、烂鳃、赤皮	全池泼洒:15 mg/L～20 mg/L 拌饵投喂:10 g/kg体重～20 g/kg体重,连用4 d～6 d		

续表

渔药名称	用途	用法与用量	休药期/天	注意事项
苦参	用于防治细菌性肠炎，竖鳞	全池泼洒：1.0 mg/L～1.5 mg/L 拌饵投喂：1 g/kg 体重～2 g/kg 体重，连用 4 d～6 d		
土霉素	用于治疗肠炎病、弧菌病	拌饵投喂：50 mg/kg 体重～80 mg/kg 体重，连用 4 d～6 d(海水鱼类相同，虾类：50 mg/kg 体重～80 mg/kg 体重，连用 5 d～10 d)	≥30(鳗鲡) ≥21(鲶鱼)	勿与铝、镁离子及卤素、碳酸氢钠、凝胶合用。
恶喹酸	用于治疗细菌性肠炎病、赤鳍病，香鱼、对虾弧菌病，鲈鱼结节病，鲱鱼疖疮病	拌饵投喂：10 mg/kg 体重～30 mg/kg 体重，连用 5 d～7 d(海水鱼类：1 mg/kg体重～20 mg/kg体重；对虾：6 mg/kg 体重～60 mg/kg体重，连用 5 d)	≥25(鳗鲡) ≥21(鲤鱼、香鱼) ≥16(其他鱼类)	用药量视不同的疾病有所增减。

续表

渔药名称	用途	用法与用量	休药期/天	注意事项
磺胺嘧啶(磺胺哒嗪)	用于治疗鲤科鱼类的赤皮病、肠炎病，海水鱼链球菌病	拌饵投喂:100 mg/kg体重,连用5 d(海水鱼类相同)		1.与甲氧苄氨嘧啶同用,可产生增效作用。 2.第一天药量加倍。
磺胺甲恶唑(新诺明、新明磺)	用于治疗鲤科鱼类的肠炎病	拌饵投喂:100 mg/kg体重,连用5 d～7 d	≥30	1.不能与酸性药物同用。 2.与甲氧苄氨嘧啶(TMP)同用,可产生增效作用。 3.第一天药量加倍。
磺胺间甲氧嘧啶(制菌磺、磺胺-6-甲氧嘧啶)	用于治疗鲤科鱼类的竖鳞病、赤皮病及弧菌病	拌饵投喂:50 mg/kg体重～100 mg/kg体重,连用4 d～6 d	≥37(鳗鲡)	1.与甲氧苄氨嘧啶(TMP)同用,可产生增效作用。 2.第一天药量加倍
氟苯尼考	用于治疗鳗鲡爱德华氏病、赤鳍病	拌饵投喂:10.0 mg/d·kg体重,连用4 d~6 d	≥7(鳗鲡)	

续表

渔药名称	用途	用法与用量	休药期/天	注意事项
聚维酮碘(聚乙烯吡咯烷酮碘、皮维碘、PVP-1、伏碘)(有效碘1.0%)	用于防治细菌性烂鳃病、弧菌病、鳗鲡红头病。并可用于预防病毒病:如草鱼出血病、传染性胰腺坏死病、传染性造血组织坏死病、病毒性出血败血症	全池泼洒:海、淡水幼鱼、幼虾:0.2 mg/L~0.5 mg/L;海、淡水成鱼、成虾:1 mg/L~2 mg/L 浸浴: 草鱼种:30 mg/L,15 min~20min; 鱼卵:30 mg/L~50 mg/L(海水鱼卵:25 mg/L~30 mg/L),5min~15 min		1.勿与金属物品接触。 2.勿与季铵盐类消毒剂直接混合使用。
注1:用法与用量栏未标明海水鱼类与虾类的均适用于淡水鱼类。 注2:休药期为强制性。				

6 禁用渔药

严禁使用高毒、高残留或具有三致毒性(致癌、致畸、致突变)的渔药。严禁使用对水域环境有严重破坏而又难以修复的渔药,严禁直接向养殖水域泼洒抗生素,严禁将新近开发的人用新药作为渔药的主要或次要成分。禁用渔药见表2。

表2 禁用渔药

药物名称	化学名称(组成)	别名
地虫硫磷	O-2基-S苯基二硫代磷酸乙酯	大风雷
六六六	1,2,3,4,5,6-六氯环己烷	
林丹	γ-1,2,3,4,5,6-六氯环己烷	丙体六六六
毒杀芬	八氯莰烯	氯化莰烯

续表

药物名称	化学名称(组成)	别名
滴滴涕	2,2-双(对氯苯基)-1,1,1-三氯乙烷	
甘汞	二氯化汞	
硝酸亚汞	硝酸亚汞	
醋酸汞	醋酸汞	
呋喃丹	2,3-二氢-2,2-二甲基-7-苯并呋喃基-甲基氨基甲酸酯	克百威、大扶农
杀虫脒	N-(2-甲基-4-氯苯基)N′,N′-二甲基甲脒盐酸盐	克死螨
双甲脒	1,5-双-(2,4-二甲基苯基)-3-甲基-1,3,5-三氮戊二烯-1,4	二甲苯胺脒
氟氯氰菊酯	α-氰基-3-苯氧基-4-氟苄基(1R,3R)-3-(2,2-二氯乙烯基)-2,2-二甲基环丙烷羧酸酯	百树菊酯、百树得
氟氰戊菊酯	(R,S)-α-氰基-3-苯氧苄基-(R,S)-2-(4-二氟甲氧基)-3-甲基丁酸酯	保好江乌、氟氰菊酯
五氯酚钠	五氯酚钠	
孔雀石绿	$C_{23}H_{25}ClN_2$	碱性绿、盐基块绿、孔雀绿
锥虫胂胺		
酒石酸锑钾	酒石酸锑钾	
磺胺噻唑	2-(对氨基苯磺酰胺)-噻唑	消治龙
磺胺脒	N_1-脒基磺胺	磺胺胍
呋喃西林	5-硝基呋喃醛缩氨基脲	呋喃新

续表

药物名称	化学名称(组成)	别名
呋喃唑酮	3-(5-硝基糠醛缩氨基)-2-恶唑烷酮	痢特灵
呋喃那斯	6-羟甲基-2-[-(5-硝基-2-呋喃基乙烯基)]吡啶	P-7138(实验名)
氯霉素(包括其盐、酯及制剂)	由季内瑞拉链霉素产生或合成法制成	
红霉素	属微生物合成,是 *Streptomyces erythreus* 产生的抗生素	
杆菌肽锌	由枯草杆菌 *Bacillus subtilis* 或 *B. leicheniformis* 所产生的抗生素,为一含有噻唑环的多肽化合物	枯草菌肽
泰乐菌素	*S.fradiae* 所产生的抗生素	
环丙沙星	为合成的第三代喹诺酮类抗菌药,常用盐酸盐水合物	环丙氟哌酸
阿伏帕星		阿伏霉素
喹乙醇	喹乙醇	喹酰胺醇羟乙喹氧
速达肥	5-苯硫基-2-苯并咪唑	苯硫哒唑氨甲基甲酯
己烯雌酚(包括雌二醇等其他类似合成等雌性激素)	人工合成的非甾体雌激素	乙烯雌酚,人造求偶素

续表

药物名称	化学名称(组成)	别名
甲基睾丸酮(包括丙酸睾丸素、去氢甲睾酮以及同化物等雄性激素)	睾丸素 C_{17} 的甲基衍生物	甲睾酮甲基睾酮

附录Ⅲ

表1　常见禁用渔药及其替代药物

禁用药物名称	危害	在水产上的应用	替代药物及防治方法
孔雀石绿（别名：碱性绿、盐基块绿、孔雀绿）	致癌、致畸、使水生生物中毒	杀虫，主要治小瓜虫病	甲苯咪唑（休药期500度日）、左旋咪唑（内服：0.4～0.6 g/kg饲料、休药期14日）；溴氰菊酯泼洒（0.01 g/m^3，休药期500度日）
		防治水霉病	可用3%～5%食盐水浸泡
		抗菌	泼洒氯制剂或溴制剂
氯霉素（盐、酯及制剂）	抑制骨髓造血机能，引起肠道菌群失调、免疫抑制作用、影响其他药物在肝脏的代谢	在水产上抗菌作用较强，治疗烂鳃、赤皮病等有效	外用泼洒：可用溴制剂或氯制剂替代； 内服：可用复方磺胺类、四环素类、喹诺酮类、甲砜霉素（休药期500度日）、氟苯尼考（休药期500度日）等替代
红霉素/泰乐菌素	产生耐药性；机体残留较多，危害水产品质量安全	常常用来治疗水产动物细菌性烂鳃病	内服：氟苯尼考（休药期500度日）、甲砜霉素（休药期500度日）等

续表

禁用药物名称	危害	在水产上的应用	替代药物及防治方法
硝基呋喃类（呋喃唑酮、呋喃那斯、呋喃西林等）	容易引起溶血性贫血、急性肝坏死、眼部损害、多发性神经炎	用于治疗鱼的肠炎病	泼洒：可用氯制剂、溴制剂代替 内服：可用弗氏霉素、新霉素（休药期500度日）、氟哌酸（诺氟沙星）、复方新诺明（休药期500度日）、芳草菌星、芳草菌尼替代
磺胺噻唑、磺胺脒	容易引起水产动物急性中毒或慢性中毒，易造成尿路感染、溶血性贫血，使正常菌群生态平衡失调，造成消化障碍	以往用来治疗水产动物肠道病	可用氟哌酸（休药期500度日）、复方新诺明（休药期500度日）替代
环丙沙星（别名：环丙氟哌酸）	环丙沙星是人专用，畜禽、水产动物不得使用	水产上过去常用来治疗烂鳃病、赤皮病等细菌性感染病	在水产上使用恩诺沙星粉（休药期500度日），恩诺沙星片（休药期16日）（慎用大剂量）

续表

禁用药物名称	危害	在水产上的应用	替代药物及防治方法
硝酸亚汞、醋酸亚汞、氯化亚汞、甘汞（二氧化汞）等	汞制剂易富集，容易导致肝大充血、消化道炎症，出现神经症状	主要用来治疗小瓜虫病	亚甲基蓝：泼洒 2 g/m^3，连用 2～3 次 用辣椒粉 1 g/m^3 全池泼洒； 芳草纤灭
喹乙醇	有富集作用；使鱼类耐受力差，死亡率高；肌体含水率比原先高，容易致鱼死亡	抗菌作用；促生长作用，能起到类似激素作用	中草药促生长剂、黄霉素（休药期 15 日）
甲基睾丸素（甲基睾丸酮），丙酸睾酮、避孕药、己烯雌酚、雌二醇等激素类药物	激素在鱼体内残留，对吃鱼的人产生严重的危害；大剂量使用导致肝脏损伤，鱼类性周期停止或紊乱	促进氨基酸、糖等合成蛋白质，抑制体内蛋白质分解。推迟鱼类性成熟时间，促进性表观逆转	中草药类、黄霉素（休药期 15 日）、甜菜碱、肉碱（肉毒碱、L-肉碱）

续表

禁用药物名称	危害	在水产上的应用	替代药物及防治方法
有机氯制剂(六六六、林丹、毒杀芬、DDT)	毒性高、自然降解慢、残留期长,有生物富集作用,长期使用,通过食物链传递,有致癌性,对人体的功能性器官有损害	主要作用是杀灭鱼虱、水蜈蚣等敌害	有机磷制剂,如敌百虫(休药期500度日),全池泼洒可以起到预防和治疗的作用
五氯酚钠	该药品可造成中枢神经系统和肝、肾等器官的损害,对鱼类等水生动物毒性极大;该药对人类也有毒性	五氯酚钠主要用于清塘,可以杀野杂鱼以及螺蛳、蚌等敌害	用于清塘消毒的药物很多,主要有生石灰、漂白粉,新产品有氯制剂、二氯异氰尿酸钠和三氯异氰尿酸等

续表

禁用药物名称	危害	在水产上的应用	替代药物及防治方法
杀虫脒（克死螨）、双甲脒（二甲苯胺脒）	该药物不仅毒性高，其中间代谢产物对人体也有致癌作用	这两种药物主要起杀虫作用	替代以上两种药物可选用高锰酸钾、硫酸铜和硫酸亚铁合剂等，用于预防可选用食盐等；杀车轮虫用芳草纤灭；杀指环虫、锚头蚤用阿维菌素（休药期500度日）
锥虫胂胺/酒石酸锑钾	具有较强的毒性且易在生物体富集	主要是杀虫作用	高锰酸钾浸洗等，可选用食盐用于预防
杆菌肽锌（枯草菌肽）	尽管目前杆菌肽锌在水产饲料中的应用呈增加趋势，且未发现对水生动物具毒副作用，但《无公害食品渔用药物使用准则》（NY 5071—2002）中仍将其列为禁用渔药	对葡萄球菌、链球菌等革兰氏阳性菌有很强的抑制和杀灭作用，对部分阴性菌、衣原体、螺旋体、放线菌也有效，是目前在我国及世界范围内应用效果较好的一种药物饲料添加剂	黄霉素（休药期15日）、甜菜碱、肉碱（肉毒碱、L-肉碱）、维吉尼亚霉素等

续表

禁用药物名称	危害	在水产上的应用	替代药物及防治方法
氯氟氰菊酯（报好江乌氟氯菊酯）	严重影响鱼体正常的生理功能而导致鱼体死亡	主要是杀虫作用	溴氰菊酯（休药期500度日）、敌百虫（休药期500度日）等
阿伏帕星（阿伏霉素）	糖苷类抗菌药物，容易产生耐药性	提高饲料效率，能促生长	维吉尼亚霉素等能促进生长的药物
地虫硫磷（大风雷）	是一种剧毒、高毒农药	是一种广谱性的有机磷土壤杀虫剂，主要用于防治地下害虫，在水产上少有使用	有机磷制剂等，如辛硫磷粉（休药期500度日）
呋喃丹（克百威）	呋喃丹属高毒农药，对人畜高毒，对环境生物毒性也很高，且残留期较长	驱杀鲤鱼、鲫鱼、草鱼和鳊鱼等鱼类指环虫、三代虫及河豚的拟钩虫等	指环灵、甲苯咪唑（休药期500度日）可替代。杀车轮虫用芳草纤灭；杀指环虫、锚头蚤用阿维菌素（休药期500度日）

续表

禁用药物名称	危害	在水产上的应用	替代药物及防治方法
速达肥（苯硫哒氨甲基甲酯）	有生物毒副作用	提高饲料效率	维吉尼亚霉素等

注:表中休药期单位度日＝水温(℃)×天数

(资料来源:江西省水产技术推广站)

附录Ⅳ

无公害食品水产品中渔药残留限量

NY 5070—2002

1 范围

本标准规定了无公害水产品中渔药及通过环境污染造成的药物残留的最高限量。

本标准适用于水产养殖品及初级加工水产品、冷冻水产品,其他水产加工品可以参照使用。

2 规范性引用文件

下列文件中的条款通过本标准的引用而成为本标准的条款。凡是注日期的引用文件,其随后所有的修改单(不包括勘误的内容)或修订版均不适用于本标准,然而,鼓励根据本标准达成协议的各方研究是否可使用这些文件的最新版本。凡是不注日期的引用文件,其最新版本适用于本标准。

NY 5029—2001 无公害食品　猪肉

NY 5071 无公害食品　渔用药物使用准则

SC/T 3303—1997 冻烤鳗

SN/T 0197—1993 出口肉中喹乙醇残留量检验方法

SN 0206—1993 出口活鳗鱼中恶喹酸残留量检验方法

SN 0208—1993 出口肉中十种磺胺残留量检验方法

SN 0530—1996 出口肉品中呋喃唑酮残留量的检验方法　液相色谱法

3 术语和定义

下列术语和定义适用于本标准。

3.1 渔用药物　fishery drugs

用以预防、控制和治疗水产动、植物的病、虫、害，促进养殖品种健康生长，增强机体抗病能力以及改善养殖水体质量的一切物质，简称“渔药”。

3.2 渔药残留　residues of fishery drugs

在水产品的任何食用部分中渔药的原型化合物或/和其代谢产物，并包括与药物本体有关杂质的残留。

3.3 最高残留限量　maximum residue Limit，MRL

允许存在于水产品表面或内部（主要指肉与皮或/和性腺）的该药（或标志残留物）的最高量/浓度（以鲜重计，表示为：μg/kg 或 mg/kg）。

4 要求

4.1 渔药使用

水产养殖中禁止使用国家、行业颁布的禁用药物，渔药使用时按 NY 5071 的要求进行。

4.2 水产品中渔药残留限量要求

水产品中渔药残留限量要求见表 1。

表 1　水产品中渔药残留限量

药物类别		药物名称		指标(MRL)/(μg/kg)
		中文	英文	
抗生素类	四环素类	金霉素	Chlortetracycline	100
		土霉素	Oxytetracycline	100
		四环素	Tetracycline	100
	氯霉素类	氯霉素	Chloramphenicol	不得检出

续表

药物类别	药物名称		指标(MRL)/(μg/kg)
	中文	英文	
磺胺类及增效剂	磺胺嘧啶	Sulfadiazine	100(以总量计)
	磺胺甲基嘧啶	Sulfamerazine	
	磺胺二甲基嘧啶	Sulfadimidine	
	磺胺甲恶唑	Sulfamethoxazole	
	甲氧苄啶	Trimethoprim	50
喹诺酮类	恶喹酸	Oxolinic acid	300
硝基呋喃类	呋喃唑酮	Furazolidone	不得检出
其他	己烯雌酚	Diethylstilbestrol	不得检出
	喹乙醇	Olaquindox	不得检出

5 检测方法

5.1 金霉素、土霉素、四环霉

金霉素测定按 NY 5029—2001 中附录 B 规定执行,土霉素、四环素按 SC/T 3303—1997 中附录 A 规定执行。

5.2 氯霉素

氯霉素残留量的筛选测定方法按本标准中附录 A 执行,测定按 NY 5029—2001 中附录 D(气相色谱法)的规定执行。

5.3 磺胺类

磺胺类中的磺胺甲基嘧啶、磺胺二甲基嘧啶的测定按 SC/T 3303 的规定执行,其他磺胺类按 SN/T 0208 的规定执行。

5.4 恶喹酸

恶喹酸的测定按 SN/T 0206 的规定执行。

5.5 呋喃唑酮

呋喃唑酮的测定按 SN/T 0530 的规定执行。

5.6 己烯雌酚

已烯雌酚残留量的筛选测定方法按本标准中附录 B 规定执行。

5.7 喹乙醇

喹乙醇的测定按 SN/T 0197 的规定执行。

6 检验规则

6.1 检验项目

按相应产品标准的规定项目进行。

6.2 抽样

6.2.1 组批规则

同一水产养殖场内,在品种、养殖时间、养殖方式基本相同的养殖水产品为一批(同一养殖池,或多个养殖池);水产加工品按批号抽样,在原料及生产条件基本相同下同一天或同一班组生产的产品为一批。

6.2.2 抽样方法

6.2.2.1 养殖水产品

随机从各养殖池抽取有代表性的样品,取样量见表 2。

表 2　取样量

生物数量/(尾、只)	取样量/(尾、只)
500 以内	2
500～1000	4
1001～5000	10
5001～10000	20
≥10001	30

6.2.2.2 水产加工品

每批抽取样本以箱为单位,100 箱以内取 3 箱,以后每增加 100 箱(包括不足 100 箱)则抽 1 箱。

按所取样本从每箱内各抽取样品不少于 3 件,每批取样量不少于 10 件。

6.3 取样的样品的处理

采集的样品应分成两等份,其中一份作为留样。从样本中取有代表性的样品,装入适当容器,并保证每份样品都能满足分析的要求;样品的处理按规定的方法进行,通过细切、绞肉机绞碎、缩分,使其混合均匀;鱼、虾、贝、藻等各类样品量不少于 200 g。各类样品的处理方法如下:

a)鱼类:先将鱼体表面杂质洗净,去掉鳞、内脏,取肉(包括脊背和腹部)肉和皮一起绞碎,特殊要求除外。

b)龟鳖类:去头、放出血液,取其肌肉包括裙边,绞碎后进行测定。

c)虾类:洗净后,去头、壳,取其肌肉进行测定。

d)贝类:鲜的、冷冻的牡蛎、蛤蜊等要把肉和体液调制均匀后进行分析测定。

e)蟹:取肉和性腺进行测定。

f)混匀的样品,如不及时分析,应置于清洁、密闭的玻璃容器,冰冻保存。

6.4 判定规则

按不同产品的要求所检的渔药残留各指标均应符合本标准的要求,各项指标中的极限值采用修约值比较法。超过限量标准规定时,允许加倍抽样将此项指标复验一次,按复验结果判定本批产品是否合格。经复检后所检指标仍不合格的产品则判为不合格品。

附录 A

(规范性附录)

氯霉素残留的酶联免疫测定法

A.1 适用范围

本方法适用于测定水产品肌肉组织中氯霉素的残留量。

A.2 原理

利用抗体抗原反应。微孔板包被有针对兔免疫球蛋白(IgG)(氯霉素抗体)的羊抗体,加入氯霉素抗体、氯霉素标记物、标准和样品溶液。游离氯霉素与氯霉素酶标记物竞争氯霉素抗体,同时氯霉素抗体与羊抗体连接。没有连接的酶标记物在洗涤步骤中被洗去。将酶基质(过氧化尿素)和发色剂(四甲基联苯胺)加入孔中并孵育;结合的酶标记物将无色的发色剂转化成蓝色的产物。加入反应停止液后使颜色由蓝变黄,在450 nm 处测量,吸光度与样品的氯霉素浓度成反比。

A.3 检测限

筛选方法的检测下限为 1 μg/kg。

A.4 仪器

A.4.1 离心机。

A.4.2 微孔酶标仪(450 nm)。

A.4.3 旋转蒸发仪。

A.4.4 混合器。

A.4.5 移液器。

A.4.6 50 μL,100 μL,450 μL 微量加液器等。

A.5 药品和试剂

除非另有说明,在分析中仅使用确认为分析纯的试剂和蒸馏水或去离子水或相当纯度的水。

A.5.1 乙酸乙酯。

A.5.2 乙腈。

A.5.3 正己烷。

A.5.4 磷酸盐缓冲液(PBS)(pH7.2):0.55 g 磷酸二氢钠($NaH_2PO_4 \cdot H_2O$),2.85 g 磷酸氢二钠($Na_2HPO_4 \cdot 2H_2O$),9 g 氯化钠(NaCl)加入蒸馏水至 1000 mL。

A.6 标准溶液

分别取标准浓缩液 50 μL 用 450 μL 缓冲液 1(试剂盒提供)稀释并混均匀,制成 0 ng/L、50 ng/L、450 ng/L、1350 ng/L、4050 ng/L 的标准溶液。

A.7 样品提取和纯化

A.7.1 取 5.0 g 粉碎的鱼肉样品(样品先去脂肪组织),与 20 mL 乙腈水溶液(86+16)混合 10 min,15℃离心 10 min(4000 r/min)。

A.7.2 取 3 mL 上清液与 3 mL 蒸馏水混合,加入 4.5 mL 乙酸乙酯混合 10 min,15℃离心 10 min(4000 r/min)。

A.7.3 将乙酸乙酯层转移至另一瓶中继续干燥,用 1.5 mL 缓冲液 1 溶液干燥的残留物,加入 1.5 mL 正己烷混合。

A.7.4 完全除去正己烷层(上层),取 50 μL 水相进行分析。

A.8 样品测定程序

A.8.1 将足够标准和样品所用数量的孔条插入微孔架,记录下标准和样品的位置,每一样品和标准做两个平行实验。

A.8.2 加入 50 μL 稀释了的酶标记物到微孔底部，再加入 50 μL 的标准或处理好的样品液到各自的微孔中。

A.8.3 加入 50 μL 稀释了的抗体溶液到每一个微孔底部充分混合，在室温孵育 2 h。

A.8.4 倒出孔中的液体，将微孔架倒置在吸水纸上拍打（每行拍打 3 次），以保证完全除去孔中的液体，然后用 250 μL 蒸馏水充入孔中，再次倒掉微孔中的液体，再重复操作两次。

A.8.5 加入 50 μL 基质、50 μL 发色试剂到微孔中，充分混合并在室温、暗处孵育 30 min。

A.8.6 加入 100 μL 反应停止液到微孔中，混合好，以空气为空白，在 450 nm 处测量吸光度值（注意：必须在加入反应停止液后 60 min 内读取吸光度值）。

A.9 结果

所获得的标准和样品吸光度值的平均值除以第一个标准（0 标准）的吸光度值再乘以 100，得到以百分比给出的吸光度值，以式（A.1）表示：

$$E(\%)=\frac{A}{A_0} \cdots\cdots\cdots\cdots\cdots\cdots (A.1)$$

式中：

E——吸光度值，%；

A——标准或样品的吸光度值；

A_0——0 标准的吸光度值。

以计算的标准值绘成一个对应氯霉素浓度（ng/L）的半对数坐标系统曲线图，校正的曲线在 50～1350 ng/L 的范围内应成为线性，相对应的每一个样品的浓度，可以从曲线上读出。乘出稀释倍数即可得到样品中氯霉素的实际浓度（ng/kg）。

附录 B

（规范性附录）

己烯雌酚(DES)残留的酶联免疫测定法

B.1 适用范围

本方法适用于测定水产品肌肉等可食组织中己烯雌酚的残留量。

B.2 原理

测定的基础是利用抗体抗原反应。微孔板包被有针对兔IgG(DES抗体)的羊抗体,加入DES抗体、标准和样品溶液。DES与DES抗体连接,同时DES抗体与羊抗体连接。洗涤步骤后,加入DES酶标记物,DES酶标记物与孔中未结合的DES抗体结合,然后在洗涤步骤中除去未结合的DES酶标记物。将酶基质和发色剂(四甲基联苯胺)加入孔中并孵育;结合的酶标记物将无色的发色剂转化为蓝色的产物。加入反应停止液后使颜色由蓝变黄,在450 nm处测量,吸光度与样品的己烯雌酚浓度成反比。

B.3 检测限

己烯雌酚检测的下限为1 μg/kg。

B.4 仪器

B.4.1 微孔酶标仪(450 nm)。

B.4.2 离心机。

B.4.3 37℃恒温箱。

B.4.4 移液器。

B.4.5 50 μL,100 μL,450 μL 微量加液器。

B.4.6 RIDA C18 柱等。

B.5 试剂和标准溶液

除非另有说明,在分析中仅使用确认为分析纯的试剂和蒸馏水或去离子水或相当纯度的水。

B.5.1 叔丁基甲基醚。

B.5.2 石油醚。

B.5.3 二氯甲烷。

B.5.4 6 mol/L 磷酸。

B.5.5 乙酸钠缓冲液等。

B.5.6 提供的 DES 标准液为直接使用液,浓度为 0、12.5×10^{-9} mol/L、25×10^{-9} mol/L、50×10^{-9} mol/L、100×10^{-9} mol/L、200×10^{-9} mol/L。

B.6 样品处理

B.6.1 取 5.0 g 肌肉(除去脂肪组织),用 10 mL pH 为 7.2 的 67 mmol/L 磷酸缓冲液研磨后,用 8 mL 叔丁基甲基醚提取研磨物,强烈振荡 20 min,离心 10 min(4000 r/min);移去上清液,用 8 mL 叔丁基甲基醚重复提取沉淀物。

B.6.2 将两次提取的醚相合并,并且蒸发;用 1 mL 甲醇(70%)溶解干燥的残留物;用 3 mL 石油醚洗涤甲醇溶液(研磨 15 s,短时间离心,吸除石油醚)。

B.6.3 蒸发甲醇溶液,用 1 mL 二氯甲烷溶解后,再用 3 mL 1 mol/L的氢氧化钠(NaOH)溶液提取;然后用 300 μL 6 mol/L 磷酸中和提取液,用 RIDA C18 柱进行纯化。

B.7 测定程序(室温 20～24 ℃条件下操作)。

B.7.1 将足够标准和样品所用数量的孔条插入微孔架,标准和样品做两个平行实验,记录下标准和样品的位置。

B.7.2 加入 20 μL 的标准和处理好的样品到各自的微孔中,标准和样品做两个平行实验。

B.7.3 加入 50 μL 稀释后的 DES 抗体到每一个微孔中,充分混合并在 2～8 ℃孵育过夜(注意:在第二早上继续进行实验之前,微孔板应在室温下放置 30 min 以上,稀释用缓冲液也应回到室温,因此最好将缓冲液放在室温下过夜)。

B.7.4 倒出孔中的液体,将微孔架倒置在吸水纸上拍打(每行拍打 3 次),以保证完全除去孔中的液体,用 250 μL 蒸馏水充入孔中,再次倒掉微孔中液体,再重复操作两次。

B.7.5 加入 50 μL 稀释的酶标记物到微孔底部,室温孵育 1 h。

B.7.6 倒出孔中的液体,将微孔架倒置在吸水纸上拍打(每次拍打 3 次),以保证完全除去孔中的液体,用 250 μL 蒸馏水充入孔中,再次倒掉微孔中液体,再重复操作一次。

B.7.7 加入 50 μL 基质和 50 μL 发色试剂到微孔中,充分混合并在室温暗处孵育 15 min。

B.7.8 加入 100 μL 反应停止液到微孔中,混合好在 450 nm 处测量吸光度值(可选择＞600 nm 的参比滤光片),以空气为空白,必须在加入停止液后 60 min 内读取吸光度值。

B.8 结果

所获得的标准和样品吸光度值的平均值除以第一个标准(0 标准)的吸光度值再乘以 100,得到以百分比给出的吸光度值,以式(B.1)表示:

$$E(\%)=\frac{A}{A_0}\times 100 \cdots\cdots\cdots\cdots\cdots\cdots\cdots\cdots (B.1)$$

式中：

E——吸光度值，%；

A——标准或样品的吸光度值；

A_0——0 标准的吸光度值。

以计算的标准值绘成一个对应 DES 浓度(ng/L)的半对数坐标系统曲线图，校正的曲线在 25～200 ng/L 的范围内应成为线性，相对应的每一个样品的浓度，可以从曲线上读出。乘以稀释倍数即可得到样品中 DES 的实际浓度(ng/kg)。

参考文献

[1]艾为明,敖鑫如. 大鲵的生物学特性及人工模拟生态繁殖[J].水利渔业,2005(6):46-47.

[2]孔祥会. 大鲵的生物学特性及人工养殖综合技术[J].内陆水产,2000(2):28-30.

[3]伦峰,潘开宇.大鲵的生物学特性与人工养殖技术[J].信阳农业高等专科学校学报, 2010(3):114-116.

[4]汪锇铭.大鲵的生物学特性及人工养殖技术[J].中国水产,2000(2):28-31.

[5]王贵刚.大鲵的生态习性及人工养殖技术[J].农技服务,2010(5):611-612.

[6]杨永斌.浅谈大鲵的生物学特性和人工养殖技术[J].渔业致富指南,2000(19):34-51.

[7]窦海鸽,刘彦,王亚军.大鲵的生物学特性及养殖技术[J].齐鲁渔业,2004(11):19-20.

[8]林作昆.大鲵生物学特性及室内养殖技术[J].现代农业科技,2013(7):284,286.

[9]高志鹏,郭佳婧.大鲵的生物学特性[J].金山,2010(9):131-132.

[10]续颜,昝淑芹.漫长的生命演化史[J]. 地球, 2001(6):2-4.

[11]张服基.我国有尾两栖动物的分类[J]. 四川动物,1986(2):31-37.

[12]彭亮越.中国大鲵基础生物学及其进化的研究[D]. 长沙:湖南师范大学,2010.

[13]周发林,等. 大鲵养殖场水质状况的研究[J].水利渔业,2001(4):38-39.

[14]刘鉴毅,肖汉兵,林锡芝.大鲵饲养池水质状况分析[J]. 淡水渔业,1992(2):16-18.

[15]姚俊杰,张红星.贵州省大鲵养殖产业化的发展前景[J].现代渔业信息,2010(7):10-13.

[16]张树明,孙增民,夏广济,等.陕西大鲵资源养护与产业发展[J].中国水产,2010(7):29-30.
[17]孟彦,杨淼清,张燕,等.野生和养殖大鲵群体遗传多样性的微卫星分析[J].生物多样性,2008(6):553-538.
[18]方耀林,张燕,肖汉兵,等.野生大鲵及其人工繁殖后代的遗传多样性分析[J].水生生物学报,2008(5):783-786.
[19]陶峰勇,王小明,郑合勋,等.中国大鲵五地理种群 Cyt b 基因全序列及其遗传关系分析[J].水生生物学报,2006(5):625-628.
[20]张神虎.大鲵药用价值及人工养殖[J].广西农业生物科学,2001(4):309-310.
[21]王渊.安徽省大鲵资源初步调查报告[J].淡水渔业,1996(3):22-24.
[22]朱玲.贵州省大鲵资源现状及其保护对策[J].中国水产,2006(4):64-65.
[23]李媛,姚俊杰.大鲵资源的保护[J].科技咨询导报,2007(30):110.
[24]罗庆华,刘英,张立云,等.湖南张家界市大鲵资源调查[J].四川动物,2009(3):422-426.
[25]罗庆华,刘英,张立云.张家界大鲵人工放流效果及其影响因素分析[J].生物多样性,2009(3):310-317.
[26]罗庆华.张家界大鲵生境特征[J].应用生态学报,2009(7):1723-1730.
[27]罗庆华,张立云,刘英,等.桑植县大鲵资源调查[J].长江流域资源与环境,2009(8):727.
[28]罗庆华.中国大鲵营养成分研究进展及食品开发探讨[J].食品科学,2010(19):390-393.
[29]余东勤,孙长铭.陕西省大鲵资源现状及其经营利用探讨[J].陕西水利,2009(1):29-30.
[30]邢可利.汉中发展大鲵产业形势分析[J].中国水产,2011(3):21-24.
[31]王启军.陕西省太白县大鲵资源调查及其变动情况分析[D].杨凌:西北农林科技大学,2012.
[32]郭军.山西省野生大鲵资源现状及栖息地生境特征研究[D].太原:山西大学,2011.
[33]刘爱华,鲁振省.陕西省大鲵资源保护及管理初探[J].水利渔业,2007

(4):69-71.
[34]陶峰勇.中国大鲵(Andrias davidianus)不同地理种群遗传分化的初步研究[D].上海:华东师范大学,2005.
[35]武思齐,殷梦光,等.温度和光照条件对大鲵的影响[J]. 经济动物学报,2012(1):43-45.
[36]曹建军.汉中大鲵驯养繁殖研究及保护对策[J].河北渔业,2007(12):4-6.
[37]李正友,罗永成,谢巧雄,等.贵州大鲵产业现状及发展分析[J].贵州农业科学,2013(9):118-121.
[38]陈碧霞,王福刚,曾庆民,等.不同饵料种类喂养大鲵的比较试验[J].水产养殖,1992(4):10-11.
[39]欧阳力剑,王雷,等. 不同投喂饵料对大鲵幼体生长性能影响的研究简报[J]. 饲料工业, 2013(22):13-15.
[40]李灿,殷梦光,徐小茜,等. 放养密度和饵料种类对中国大鲵幼苗存活与生长的影响[J]. 水产学杂志,2013(1):23-26.
[41]孙翰昌,李龙非,丁诗华,等.两种饵料对中国大鲵生长性能的影响[J].重庆文理学院学报(自然科学版),2012(6):53-55.
[42]陈喜斌,赵京杨,等.大鲵的诱食试验[J]. 水利渔业,1998(4):26-27.
[43]施学文.大鲵人工繁殖技术初步研究[J].福建水产,2011(5):48-51.
[44]陈成进.大鲵人工繁殖技术初探[J].渔业致富指南,2011(6):53-55.
[45]李中岳. 大鲵人工繁殖技术[J].中国土特产,1997(5):6-7.
[46]王海文,廖伏初,王宇,等.池养大鲵人工繁殖试验[J].渔业现代化,2004(4):14-15,18
[47]林衍峰.大鲵人工繁殖的关键因素[J].畜牧与饲料科学,2011(5):70-71
[48]王海文.大鲵人工繁养技术[J].水产养殖,2004(5):41-44
[49]李骏珉.关于大鲵繁殖盛期的探讨[J].水产科技情报,2002(6):269-270.
[50]王海文,卓君华,欧东升. 促使雌雄大鲵性同步发育技术[J].水产养殖,2009(1):8-10.
[51]吴文化,刘晓勇, 仇覺高等. 北移大鲵人工繁殖研究[J].安徽农业科

学,2010(14):7389-7390,7411.
[52]阳爱生,卞伟,刘国钧,等.大鲵人工催产试验及有关问题的探讨[J].内陆水产,1980(5):22-25.
[53]阳爱生,卞伟,刘国钧,等. 大鲵人工繁殖的研究[J].内陆水产,1981(3):80-81,83.
[54]阳爱生,刘国钧.大鲵人工繁殖的初步研究[J].淡水渔业,1979(2):1-5.
[55]陈苏维,朱文东.大鲵的繁殖生物学及其今后研究方向[J].陕西农业科学,2008(5):89-91,118.
[56]肖汉兵,刘鉴毅,杨焱清,等. 池养大鲵的人工催产研究[J].水生生物学报,2006(5):530-534.
[57]刘绍,孙麟,阳爱生,等.饲养中国大鲵氨基酸组成分析[J].氨基酸和生物资源,2007(4):53-55.
[58]于振海,陈有光,靖莹,等.中国大鲵地下室微流水人工养殖技术初步研究[J].上海海洋大学学报,2013(1):60-65.
[59]金立成.人工配合饲料养殖大鲵试验报告[J].淡水渔业,1994(1):39-40.
[60]吴学祥,汤德元,陈祥,等. 大鲵的养殖[J]. 中国畜禽种业,2010(3):51-52.
[61]柳富荣,柳锴. 大鲵仿野生态健康养殖技术初步研究[J].渔业致富指南,2012(8):54-58.
[62]李成.几种大鲵繁育模式的比较[J].当代水产,2013(12):78-79.
[63]梁刚,吴峰. 中国大鲵的活动节律及繁殖行为描记[J]. 动物学杂志,2010(1):77-82.
[64]凌空,曹朕娇,丁诗华,等.大鲵病害防治研究进展[J]. 中国兽医杂志,2013(12):55-58.
[65]陈云祥. 人工养殖大鲵的驯化技术[J].北京水产,2006(3):27-28.
[66]赵宪钧.大鲵养殖技术要点[J].渔业致富指南,2013(11):39-41.
[67]杨惠珍.大鲵人工养殖技术[J].渔业致富指南,2008(15):44-45.
[68]汤亚斌,马达文,等.大鲵亲本性别鉴定的几种方法[J].中国水产,2012(10):67.

[69]彭光政.大鲵模拟生态养殖技术[J].中国水产,2010(2):40-44.
[70]陈云祥.大鲵苗种质量鉴别技术[J].渔业致富指南,2007(2):28.
[71]李骏珉,李燕.大鲵人工驯养和繁殖实用技术[M].北京:台海出版社,2007.
[72]陈云祥.大鲵实用养殖技术[M].北京:金盾出版社,2009.
[73]雷衍之.养殖水环境化学[M].北京:中国农业出版社,2004.
[74]成永旭.生物饵料培养学[M].北京:中国农业出版社,2005.

后 记

本书从 2014 年初开始着手准备，草拟提纲，收集、梳理、整理资料，直到初稿完成，历经两年多。其间，重庆市科学技术委员会、重庆市教育委员会、重庆市农业农村委员会、重庆市渔政渔港监督管理处、重庆市水产技术推广总站及各区县渔政站、水产站的专家对本书编写过程中的调研、起草、修改和统稿给予大力支持与帮助。西南大学、重庆师范大学、重庆文理学院、重庆市水产研究所、重庆市万州水产研究所等单位的专家对本书的修改提出了宝贵的意见。在此表示真诚的感谢。

本书虽然已经出版，但由于编者们水平有限，加之时间也比较仓促，书中肯定还有很多不足与不当之处，敬请各位读者批评指正！